高职高专"十三五"规划教材

工业机器人

系统集成

U0388001

杨明 杨瀚 主 编

庞广信 副主编

化学工业出版社

·北京·

内容简介

本书以 ABB 工业机器人的工作站单元综合训练为主线，打破传统教材的编写模式，采用"项目+任务实施+知识链接"的方式进行编写，便于学校教学和提高读者的学习兴趣。本书主要涉及的知识有：传感器、步进电机及气压传动等设备组成、原理及安装调试；可编程序控制器的原理、应用编程及选型，包括可编程序控制器 I/O 分配、外围设备接线图及控制程序分段分析；工业机器人的组成、参数设置、安装使用及常用指令编程的调试等，内容编排由浅入深，方便学习。本书重视实际应用，精选的应用案例皆源于工业机器人的典型工作站，教学内容与工作岗位的要求无缝对接。

本书可作为中、高等职业教育院校自动化类、机电一体化及工业机器人等专业教材，也可作为职工培训教材或工程技术人员的参考用书。

图书在版编目（CIP）数据

工业机器人系统集成/杨明，杨瀚主编. —北京：化学
工业出版社，2020.10（2022.5重印）
高职高专"十三五"规划教材
ISBN 978-7-122-37463-9

Ⅰ. ①工…　Ⅱ. ①杨…　②杨…　Ⅲ. ①工业机器人-
系统集成技术-高等职业教育-教材　Ⅳ. ①TP242.2

中国版本图书馆 CIP 数据核字（2020）第 139659 号

责任编辑：王昕讲　　　　　　　　　　　装帧设计：刘丽华
责任校对：王佳伟

出版发行：化学工业出版社(北京市东城区青年湖南街 13 号　邮政编码 100011)
印　　装：高教社（天津）印务有限公司
787mm×1092mm　1/16　印张 12　字数 316 千字　　2022 年 5 月北京第 1 版第 2 次印刷

购书咨询：010-64518888　　　　　　　售后服务：010-64518899
网　　址：http://www.cip.com.cn
凡购买本书，如有缺损质量问题，本社销售中心负责调换。

定　　价：39.00 元
版权所有　违者必究

　　近年来，随着我国职业教育形势的发展变化和教学改革的不断深入，职业教育工作者已认识到：职业教育应以就业为导向，注重学生的专业应用能力、社会适应能力、个人开发能力的培养。本书按照这一要求和贯彻落实教育部"职业教育课程改革和教材建设规划"，以及职业院校工业机器人专业教学的需要，在总结编者所在学校多年教学经验的基础上编写而成。本书以培养现代中、高级技术工人为目标，以我国广泛应用的工业机器人为载体，根据工学结合的项目任务式教材体例编排内容，以便更好地为职业教学服务，提高教学效果。本书主要特点如下：

　　（1）内容编排由浅入深、由易到难、图文并茂、通俗易懂，突出"因需施教""因需而学"的特点，尽量满足学生职业发展和企业用工需求。

　　（2）注重培养学生的实践技能，选择具有代表性和实用性的实训项目，训练目的明确，对与实训相关的理论和技能介绍翔实、具体，实训项目的安排充分考虑了实训教学的可操作性。

　　（3）本书以 ABB 工业机器人的工作站单元综合训练为主线，打破传统教材的编写模式，采用"项目+任务实施+知识链接"的方式进行编写，学习目标更明确，追求最佳的教学效果。

　　（4）精心挑选教学项目，以制造业中的工业机器人应用为主，选择手机装配、汽车玻璃涂胶及机器人码垛等应用案例为教学项目，包括工业机器人系统构成、工作站的组成、工作站之间的通信、机器人参数设定及程序管理等内容，将为后续学习其他专业方向（或专业）课程奠定基础。

　　（5）注重专业能力的培养，重点学习设备识别、检测、装配、制作、调试、检修，外围设备线路图、组成和原理分析，以及 PLC 和 ROBOT 的编程方法等，既培养学生的动手能力，又培养对基本理论知识的理解能力。

　　本书由广西工业技师学院杨明、杨瀚担任主编，庞广信担任副主编，戴智鑫担任主审。全书由杨明策划和统稿。全书共分三个项目八个任务，其中杨明编写了绪论和项目一，杨瀚编写了项目二，庞广信编写了项目三任务一，宋立国、李军编写了项目三任务二。

　　由于时间仓促，加之编者水平有限，书中难免存在不足之处，望广大读者批评指正。

编者

目 录

绪 论

工业机器人是具有若干个自由度的机电装置，孤立的一台机器人在生产中没有任何应用价值，只有根据作业内容、工件形式、质量和大小等工艺因素，给机器人配以相适应的辅助机械装置，机器人才能成为实用的加工设备。

1. 工业机器人系统的组成

工业机器人系统是指由工业机器人、末端执行器，以及为使机器人完成其任务所需的任何机械、设备、装置、外部辅助轴或传感器构成的系统（GB/T 12643—2013/ISO 8373:2012）。工业机器人系统也称为机器人工作单元或工业机器人工作站。

工业机器人工作站是以工业机器人作为加工主体的作业系统。由于工业机器人具有可再编程的特点，所以当加工产品更换时，可以对机器人的作业程序进行重新编写，从而达到系统柔性要求。然而，工业机器人只是整个作业系统的一部分，作业系统包括工装、变位器、辅助设备等周边设备，应该对它们进行系统集成，使之构成一个有机整体，才能完成任务，满足生产需求。

工业机器人系统集成一般包括硬件集成和软件集成两个过程。硬件集成需要根据需求对各个设备接口进行统一定义，以满足通信要求；软件集成则需要对整个系统的信息流进行综合，然后再控制各个设备按流程运转。

2. 工业机器人系统的特点

（1）技术先进。工业机器人集精密化、柔性化、智能化、软件应用开发等先进制造技术于一体，通过对过程实施检测、控制、优化、调度、管理和决策，实现增加产量、提高质量、降低成本、减少资源消耗和环境污染的目的，是工业自动化水平的最高体现。

（2）技术升级。工业机器人与自动化成套装备具有精细制造、精细加工以及柔性生产等技术特点，是继动力机械、计算机之后出现的全面延伸人的体力和智力的新一代生产工具，是实现生产数字化、自动化、网络化以及智能化的重要手段。

（3）技术综合性强。工业机器人与自动化成套技术集中并融合了多项学科，涉及多项技术领域，包括工业机器人控制技术、机器人动力学及仿真、机器人构建有限元分析、激光加工技术、模块化程序设计、智能测量、建模加工一体化、工厂自动化，以及精细物流等先进制造技术，技术综合性强。

（4）应用领域广泛。工业机器人与自动化成套装备是生产过程的关键设备，可用于制造、安装、检测、物流等生产环节，并广泛应用于汽车整车及汽车零部件、工程机械、轨道交通、低压电器、电力、IC 装备、军工、烟草、金融、医药、冶金及印刷出版等行业，应用领域非常广泛。

项目一　手机装配系统集成

手机装配任务主要是通过机器人完成对手机（如老人手机）进行按键装配、加盖装配并搬运入仓的过程，具体工作过程是：设备启动后，安全送料机构将需要装配的手机按键送入装配区，手机底座被推送到装配平台，由机器人按照预定的顺序完成按键装配，同时手机盖上料机构把手机盖推送到拾取工位，机器人拾取手机盖后对手机进行加盖并搬运入仓。在此系统中，机器人的主要用途是装配、搬运。

搬运机器人（transfer robot）是指可以进行自动化搬运作业的工业机器人。最早的搬运机器人出现在 1960 年的美国，Versatran 和 Unimate 两种机器人首次用于搬运作业。搬运作业是指用一种设备握持工件，从一个加工位置移到另一个加工位置的过程。如果采用工业机器人来完成这个任务，整个搬运系统则构成了工业机器人搬运工作站。给搬运机器人安装不同类型的末端执行器，可以完成不同形态和状态的工件搬运工作。

目前世界上使用的搬运机器人被广泛应用于机床上下料、冲压机自动化生产线、自动装配流水线、码垛搬运集装箱等自动搬运工序。

工业机器人搬运工作站一般具有以下一些特点：
① 应有物品的传送装置，其形式要根据物品的特点选用或设计；
② 可使物品准确地定位，以便于机器人抓取；
③ 多数情况下设有物品托板，或机动或自动地交换托板；
④ 有些物品在传送过程中还要经过整型，以保证码垛质量；
⑤ 要根据被搬运物品设计专用末端执行器；
⑥ 应选用适合于搬运作业的机器人。

【能力目标】

① 能阐述搬运工作站的基本结构；
② 能根据不同的搬运对象选择合适的工装夹具；
③ 能对 ABB 机器人 I/O 通信参数进行设置；
④ 能设计机器人 I/O 口与外部连接电路图，并完成接线工作；
⑤ 能使用 Offs、Set、Rest、WaitDI、WaitDO、WaitTime、WaitUntil 等指令，完成程序的编写并进行调试；
⑥ 能与团队内其他伙伴进行有效的配合与沟通，能积极参与讨论，共同完成工作任务。

【教学建议】

① 采用工学结合一体化教学模式开展教学，建议学时：40～50 学时；
② 将整个集成项目分为若干个工作任务进行完成，以免工作任务过大，无法完成。

【项目描述】

在老人手机的生产中，手机主板以及显示屏已经安装完毕，现需要给手机安装按键并进行手机底座以及手机盖的安装，最后将成品输送到成品库中，请你用一台工业机器人以及相关配套设备、材料进行系统集成，使其完全满足生产的需求。

【项目实施】

因项目较大，控制较为复杂，因此将项目分解为三个工作任务分别实施，先进行单机安装和调试，然后进行联机统调。

任务一　上料整列单元集成

【学习目标】

① 能够进行上料整列单元系统设计；
② 能够进行上料整列单元的安装与接线；
③ 能够进行传感器的设置；
④ 能够编写上料整列单元PLC控制程序；
⑤ 能够进行单元设备调试。

【任务描述】

本任务将按键托盘送入工作区，同时，将手机底座逐个定位到装配工位上，待机器人装配、加盖、入仓完成后再如此循环。

【教学建议】

① 先观看相关视频，对整个系统有初步的了解后再进行学习；
② 配合工作页进行任务实施；
③ 做好小组分工，各成员分别负责设备安装、程序编写、系统调试、安全监控等任务；
④ 采用工学结合一体化教学模式，建议学时为16课时。

【学习准备】

一、光纤传感器

光纤传感器的基本工作原理是将来自光源的光经过光纤送入调制器，使待测参数与进入调制区的光相互作用后，导致光的光学性质（如光的强度、波长、频率、相位、偏正态等）发生变化（称为被调制的信号光），再经过光纤送入光探测器，经解调后，获得被测参数。

现以单模光纤为例，介绍光纤的结构及传光原理，如果读者想更深入地了解相关知识，可查阅相关专业书籍。

（一）光纤的结构

光纤是由纤芯和包层构成的同心玻璃体，呈柱状，见图1-1-1。在石英系光纤中，纤芯是由

高纯度二氧化硅 SiO_2（石英玻璃）和少量掺杂剂，如五氧化二磷和二氧化锗构成，掺杂剂用来提高纤芯的折射率（n_1），纤芯的直径一般为 $2\sim50\mu m$。

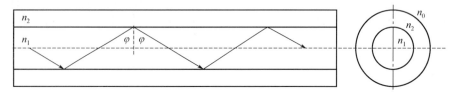

图 1-1-1 光纤内部结构

（二）光纤的传输原理

光纤由纤芯和包皮两层组成，它们都是玻璃，只是材料成分稍有不同。光纤的芯径只有 $50\sim100\mu m$，包皮的直径约为 $120\sim140\mu m$，所以光纤很细，比头发丝还细。假定光线相对于纤维以一定入射角射入光纤，当光线传输到芯和皮的交界面时，会发生类似于镜子反射光的现象，当碰到对面的交界面时，又一次反射回来。当光线传输到光纤的拐弯处时，来回反射的次数就会增多，只要弯曲得不是太厉害，光线就不会跑出光纤，光线就这样在光纤内往返曲折地向前传输，见图 1-1-2。

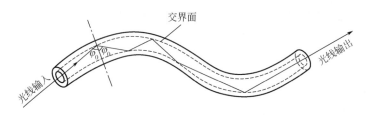

图 1-1-2 光线在光纤内传输示意图

（三）光纤传感器分类

1. 根据光纤在传感器中的作用分类

（1）功能型（传感型）传感器。利用光纤本身的特性把光纤作为敏感元件，被测对象对光纤内传输的光进行调制，使传输的光的强度、相位、频率或偏振态等特性发生变化，再通过对被调制过的信号进行解调，从而得出被测信号，见图 1-1-3。

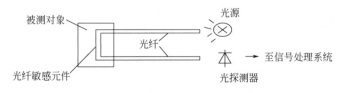

图 1-1-3 功能型（传感型）传感器

（2）非功能型（传光型）传感器。利用其他敏感元件感受被测量的变化，光纤仅作为信息的传输介质，常采用单模光纤，见图 1-1-4。

（3）拾光型光纤传感器。用光纤作为探头，接收由被测对象辐射的光或被其反射、散射的光，见图 1-1-5。

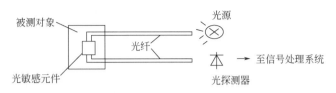

图 1-1-4　非功能型（传光型）传感器

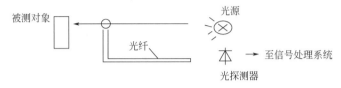

图 1-1-5　拾光型光纤传感器

2. 根据光受被测对象的调制形式分类

分为：强度调制、偏振调制、频率调制、相位调制光纤传感器。

（1）强度调制光纤传感器。是一种利用被测对象的变化引起敏感元件的折射率、吸收或反射等参数的变化，而导致光强度变化来实现敏感测量的传感器。包括利用光纤的微弯损耗，各物质的吸收特性，振动膜或液晶的反射光强度的变化，物质因各种粒子射线或化学、机械的激励而发光的现象，以及物质的荧光辐射或光路的遮断等，致使压力、振动、温度、位移、气压等各种强度的变化进行调制的光纤传感器。

（2）偏振调制光纤传感器。是一种利用光偏振态变化来传递被测对象信息的传感器。包括利用光在磁场中媒质内传播的法拉第效应做成的电流、磁场传感器；利用光在电场中的压电晶体内传播的泡尔效应做成的电场、电压传感器；利用物质的光弹效应构成的压力、振动或声传感器；以及利用光纤的双折射性构成温度、压力、振动等传感器。这类传感器可以避免光源强度变化的影响，因此灵敏度高。

（3）频率调制光纤传感器。是一种利用单色光射到被测物体上反射回来光的频率发生变化来进行监测的传感器。包括利用运动物体反射光和散射光的多普勒效应的光纤速度、流速、振动、压力、加速度传感器；利用物质受强光照射时的喇曼散射构成的测量气体浓度或监测大气污染的气体传感器；以及利用光致发光的温度传感器等。

（4）相位调制光纤传感器。其基本原理是利用被测对象对敏感元件的作用，使敏感元件的折射率或传播常数发生变化，而导致光的相位变化，使两束单色光所产生的干涉条纹发生变化，通过检测干涉条纹的变化量来确定光的相位变化量，从而得到被测对象的信息。通常有利用光弹效应的声波、压力或振动传感器；利用磁致伸缩效应的电流、磁场传感器；利用电致伸缩的电场、电压传感器，以及利用光纤赛格纳克（Sagnac）效应的旋转角速度传感器（光纤陀螺）等。这类传感器的灵敏度很高，但由于必须用特殊光纤及高精度检测系统，因此成本高。

二、光电传感器

（一）基本工作原理

光电传感器是采用光电元件作为检测元件的传感器。它首先把被测量的变化转换成光信号的变化，然后借助光电元件进一步将光信号转换成电信号，见图 1-1-6。

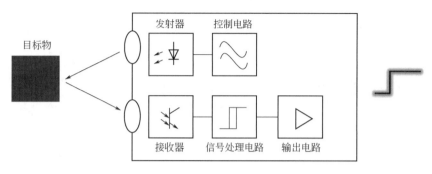

图 1-1-6   光电传感器传输原理

（二）常见光电传感器分类

1. 槽形光电传感器

把一个光发射器和一个接收器面对面地装在一个槽的两侧组成槽形光电传感器。发光器能发出红外光或可见光，在无阻情况下光接收器能收到光，但当被检测物体从槽中通过时，光被遮挡，光电开关便动作，输出一个开关控制信号，切断或接通负载电流，从而完成一次控制动作。槽形开关的检测距离因为受整体结构的限制一般只有几厘米，见图 1-1-7。

2. 对射型光电传感器

若把发光器和收光器分离开，就可使检测距离加大，一个发光器和一个收光器组成对射分离式光电开关，简称对射式光电开关。对射式光电开关的检测距离可达几米乃至几十米。使用对射式光电开关时，把发光器和收光器分别装在检测物通过路径的两侧，检测物通过时阻挡光路，收光器就动作并输出一个开关控制信号，见图 1-1-8。

图 1-1-7   槽形光电传感器

图 1-1-8   对射型光电传感器

3. 反光板型光电开关

把发光器和收光器装入同一个装置内，在前方装一块反光板，利用反射原理完成光电控制作用，称为反光板反射式（或反射镜反射式）光电开关。正常情况下，发光器发出的光源被反光板反射回来再被收光器收到，一旦被检测物挡住光路，收光器收不到光时，光电开关就动作，输出一个开关控制信号，见图 1-1-9。

4. 扩散反射型光电开关

扩散反射型光电开关（也称为漫反射型）的检测头里也装有一个发光器和一个收光器，但扩散反射型光电开关前方没有反光板。正常情况下，发光器发出的光收光器是接收不到的。在检测时，当检测物通过时挡住了光，并把光部分反射回来，收光器就收到光信号，输出一个开关信号，见图1-1-10。

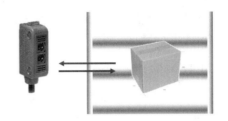

图1-1-9　反光板型光电开关　　　　　图1-1-10　扩散反射型光电开关

5. 磁性开关

磁性开关就是通过磁铁来感应的开关，也称为干簧管，其内部有一个干簧管。干簧管是干式舌簧管的简称，是一种有触点的无源电子开关元件，具有结构简单、体积小、便于控制等优点，其外壳一般是一根密封的玻璃管，管中装有两个铁质的弹性簧片电极，还灌有惰性气体。平时，玻璃管中的两个由特殊材料制成的簧片是分开的，当有磁性物质靠近玻璃管时，在磁场磁力线的作用下，管内的两个簧片被磁化而互相吸引接触，簧片就会吸合在一起，使结点的电路连通。外磁力消失后，两个簧片由于本身的弹性而分开，电路也就断开了。因此，作为一种利用磁场信号来控制的线路开关器件，干簧管可以作为传感器用，用于计数、限位等（在安防系统中主要用于门磁、窗磁的制作），同时还被广泛使用于各种通信设备中。在实际运用中，通常用永久磁铁控制这两根金属片的接通与否，所以又被称为"磁控管"，见图1-1-11。

三、PLC选型

在PLC系统设计时，首先确定控制方案，然后就是PLC工程设计选型。工艺流程的特点和应用要求是PLC设计选型的主要

图1-1-11　磁性开关

依据。PLC及有关设备应是集成的、标准的，按照易于与工业控制系统形成一个整体，易于扩充其功能的原则选型。所用PLC应是在相关工业领域有投运业绩、成熟可靠的系统，PLC的系统硬件、软件配置及功能应与装置规模和控制要求相适应。熟悉可编程序控制器、功能表图及有关的编程语言，有利于缩短编程时间，因此，在工程设计选型和估算时，应详细分析工艺过程的特点、控制要求，明确控制任务和范围，确定所需的操作和动作，然后根据控制要求，估算输入输出点数、所需存储器容量，确定PLC的功能、外部设备特性等，最后选择有较高性能价格比的PLC和设计相应的控制系统。

（一）输入输出（I/O）点数的估算

I/O点数估算时应考虑适当的余量，通常根据统计的输入输出点数，再增加10%～20%的可扩展余量后，可作为输入输出点数估算数据。实际订货时，还需要根据制造厂商PLC的产品特点，对输入输出点数进行调整。

（二）存储器容量的估算

存储器容量是可编程序控制器本身能提供的硬件存储单元大小，程序容量是存储器中用户应用项目使用的存储单元的大小，因此程序容量小于存储器容量。在设计阶段，由于用户应用程序还未编制，因此，程序容量在设计阶段是未知的，需要在程序调试之后才知道。为了设计选型时能对程序容量有一定估算，通常采用存储器容量的估算来替代。存储器内存容量的估算没有固定的公式，许多文献资料中给出了不同的公式，大体上都是按数字量 I/O 点数的 10~15 倍，加上模拟量 I/O 点数的 100 倍，以此数为内存的总字节数（16 位为一个字节），另外再按此数的 25%考虑余量。

（三）控制功能的选择

该选择包括运算功能、控制功能、通信功能、编程功能、诊断功能和处理速度等特性的选择。

1. 运算功能

简单 PLC 的运算功能包括逻辑运算、计时和计数功能；普通 PLC 的运算功能还包括数据移位、比较等运算功能；较复杂运算功能有代数运算、数据传送等；大型 PLC 中还有模拟量的 PID 运算和其他高级运算功能。随着开放系统的出现，目前在 PLC 中都已具有通信功能，有些产品具有与下位机的通信功能，或具有与同位机或者上位机的通信功能，有些产品还具有与工厂或企业网进行数据通信的功能。设计选型时应从实际应用的要求出发，合理选用所需的运算功能。在一般应用场合，只需要逻辑运算和计时计数功能，有些应用需要进行数据传送和比较，当用于模拟量检测和控制时，才使用代数运算、数值转换和 PID 运算等；要显示数据时需要译码和编码等运算。

2. 控制功能

控制功能包括 PID 控制运算、前馈补偿控制运算、比值控制运算等，应根据控制要求确定。PLC 主要用于顺序逻辑控制，因此，大多数场合常采用单回路或多回路控制器解决模拟量的控制，有时也采用专用的智能输入输出单元完成所需的控制功能，提高 PLC 的处理速度和节省存储器容量。例如，采用 PID 控制单元、高速计数器、带速度补偿的模拟单元、ASC 码转换单元等。

3. 通信功能

大中型 PLC 系统应支持多种现场总线和标准通信协议（如 TCP/IP），需要时应能与工厂管理网（TCP/IP）相连接。通信协议应符合 ISO/IEEE 通信标准，应是开放的通信网络。

PLC 系统的通信接口应包括串行和并行通信接口（RS2232C/422A/423/485）、RIO 通信口、工业以太网、常用 DCS 接口等；大中型 PLC 通信总线（含接口设备和电缆）应 1:1 冗余配置，通信总线应符合国际标准，通信距离应满足装置实际要求。

PLC 系统的通信网络中，上级的网络通信速率应大于 1Mbps，通信负荷不大于 60%。PLC 系统的通信网络主要形式有下列几种形式：

① PC 为主站，多台同型号 PLC 为从站，组成简易 PLC 网络；

② 1 台 PLC 为主站，其他同型号 PLC 为从站，构成主从式 PLC 网络；

③ PLC 网络通过特定网络接口，连接到大型 DCS 中作为 DCS 的子网；

④ 专用 PLC 网络（各厂商的专用 PLC 通信网络）。

为减小 CPU 通信工作量，根据网络组成的实际需要，应选择具有不同通信功能的（如点对点、现场总线、工业以太网）通信处理器。

4. 编程功能

① 离线编程方式：PLC 和编程器共用一个 CPU，编程器在编程模式时，CPU 只为编程器提供服务，不对现场设备进行控制。完成编程后，编程器切换到运行模式，CPU 对现场设备进

行控制，不能进行编程。离线编程方式可降低系统成本，但使用和调试不方便。

② 在线编程方式：CPU 和编程器有各自的 CPU，主机 CPU 负责现场控制，并在一个扫描周期内与编程器进行数据交换，编程器把在线编制的程序或数据发送到主机，在下一扫描周期，主机就根据新收到的程序运行。这种方式成本较高，但系统调试和操作方便，在大中型 PLC 中常采用。

③ 五种标准化编程语言：顺序功能图（SFC）、梯形图（LD）、功能模块图（FBD）三种图形化语言，以及语句表（IL）、结构文本（ST）两种文本语言。选用的编程语言应遵守其标准（IEC6113123），同时，还应支持多种语言编程形式，如 C、Basic 等，以满足特殊控制场合的控制要求。

5. 诊断功能

PLC 的诊断功能包括硬件和软件的诊断。硬件诊断通过硬件的逻辑判断确定硬件的故障位置，软件诊断分内诊断和外诊断。通过软件对 PLC 内部的性能和功能进行诊断是内诊断，通过软件对 PLC 的 CPU 与外部输入输出等部件信息交换功能进行诊断是外诊断。

PLC 的诊断功能的强弱，直接影响对操作和维护人员技术能力的要求，并影响平均维修时间。

6. 处理速度

PLC 采用扫描方式工作。从实时性要求来看，处理速度应越快越好，如果信号持续时间小于扫描时间，则 PLC 将扫描不到该信号，造成信号数据的丢失。处理速度与用户程序的长度、CPU 处理速度、软件质量等有关。目前，PLC 节点的响应快、速度高，每条二进制指令执行时间约 $0.2\sim0.4\mu s$，因此能适应控制要求高、响应要求快的应用需要。扫描周期（处理器扫描周期）应满足：小型 PLC 的扫描时间不大于 0.5ms/K；大中型 PLC 的扫描时间不大于 0.2ms/K。

（四）机型的选择

1. PLC 的类型

PLC 按结构分为整体型和模块型两类，按应用环境分为现场安装和控制室安装两类；按 CPU 字长分为 1 位、4 位、8 位、16 位、32 位、64 位等。从应用角度出发，通常可按控制功能或输入输出点数选型。整体型 PLC 的 I/O 点数固定，因此用户选择的余地较小，用于小型控制系统；模块型 PLC 提供多种 I/O 卡件或插卡，因此用户可较合理地选择和配置控制系统的 I/O 点数，功能扩展方便灵活，一般用于大中型控制系统。

2. 输入输出模块的选择

输入输出模块的选择应考虑与应用要求的统一。例如，对输入模块，应考虑信号电平、信号传输距离、信号隔离、信号供电方式等应用要求；对输出模块，应考虑选用的输出模块类型，通常继电器输出模块具有价格低、使用电压范围广、寿命短、响应时间较长等特点；可控硅输出模块适用于开关频繁、电感性、低功率因数、负荷场合，但价格较贵，过载能力较差。输出模块还有直流输出、交流输出和模拟量输出等，与应用要求应一致。可根据应用要求，合理选用智能型输入输出模块，以便提高控制水平和降低应用成本。考虑是否需要扩展机架或远程 I/O 机架等。

3. 电源的选择

PLC 的供电电源，除了引进设备时同时引进 PLC，应根据产品说明书要求设计和选用外，一般 PLC 的供电电源应设计选用 220V（AC）电源，与国内电网电压一致。在重要的应用场合，应采用不间断电源或稳压电源供电。如果 PLC 本身带有可使用电源时，应核对提供的电流是否满足应用要求，否则应设计外接供电电源。为了防止外部高压电因误操作而引入 PLC，需要对输入和输出信号进行隔离，有时也可采用简单的二极管或熔丝管隔离。

4. 存储器的选择

由于计算机集成芯片技术的发展，存储器的价格已下降，因此，为保证应用项目的正常投运，一般要求 PLC 的存储器容量按每 256 个 I/O 点至少选 8K 存储容量进行选择。需要复杂控制功能时，应选择容量更大、档次更高的存储器。

5. 冗余功能的选择

（1）控制单元的冗余。

① 重要的过程单元：CPU（包括存储器）及电源均应 1B1 冗余。

② 在需要时也可选用 PLC 硬件与热备软件构成的热备冗余系统、2 重化或 3 重化冗余容错系统等。

（2）I/O 接口单元的冗余。

① 控制回路的多点 I/O 卡应冗余配置。

② 重要检测点的多点 I/O 卡可冗余配置。

③ 根据需要对重要的 I/O 信号，可选用 2 重化或 3 重化的 I/O 接口单元。

6. 经济性的考虑

选择 PLC 时，应考虑性能价格比。考虑经济性时，应同时考虑应用的可扩展性、可操作性、投入产出比等因素，进行比较和兼顾，最终选出较满意的产品。

输入输出点数对价格有直接影响。每增加一块输入输出卡件就需增加一定的费用。当点数增加到某一数值后，相应的存储器容量、机架、母板等也要相应增加，因此，点数的增加对 CPU 选用、存储器容量、控制功能范围等选择都有影响。在估算和选用时应充分考虑，使整个控制系统有较合理的性能价格比。

根据以上原则，本任务选择西门子 S-7200 SMART 型 PLC，它的具体性能参数如表 1-1-1 所示。

表 1-1-1　S7-200 SMART 型 PLC 参数表

特性 ＼ 型号		CPU-SR20 CPU-ST20	CPU-SR30 CPU-ST30	CPU-SR40 CPU-ST40	CPU-SR60 CPU-ST60
尺寸：$W \times H \times D$ (mm × mm × mm)		90 × 100 × 81	110 × 100 × 81	125 × 100 × 81	175 × 100 × 81
用户存储器容量	程序	12 KB	18 KB	24 KB	30 KB
	用户数据	8 KB	12 KB	16 KB	20 KB
	保持性[①]	最大 10 KB	最大 10 KB	最大 10 KB	最大 10 KB
板载数字量 I/O	输入	12 DI	18 DI	24 DI	36 DI
	输出	8 DQ	12 DQ	16 DQ	24 DQ
扩展模块		最多 6 个	最多 6 个	最多 6 个	最多 6 个
信号板		1	1	1	1
高速计数器		200 kHz 时 4 个，针对单相或 100 kHz 时 2 个，A/B 相	200 kHz 时 4 个，针对单相或 100 kHz 时 2 个，A/B 相	200 kHz 时 4 个，针对单相或 100 kHz 时 2 个，A/B 相	200 kHz 时 4 个，针对单相或 100 kHz 时 2 个，A/B 相
脉冲输出[②]		2 个，100 kHz	3 个，100 kHz	3 个，100 kHz	3 个，100 kHz
PID 回路		8	8	8	8
实时时钟，备用时间 7 天		有	有	有	有

① 可组态 V 存储器、M 存储器、C 存储器的存储区（当前值），以及 T 存储器要保持的部分（保持性定时器上的当前值），可为最大指定量。

② 指定的最大脉冲频率仅适用于带晶体管输出的 CPU 型号。对于带有继电器输出的 CPU 型号，不建议进行脉冲输出操作。

四、实训设备

在校内的学习过程中，可以采用模拟实训设备进行训练，见图1-1-12。

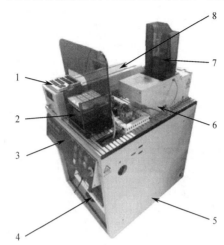

图1-1-12 上料整列单元结构示意图

1—手机按键托盘；2—按键储料台；3—控制面板；4—PLC；5—桌体；

6—加盖机构；7—手机盒储料机构；8—送料机构；

【任务实施】

五、手机装配上料和储料

工作任务：本单元任务是将按键托盘送入工作区；同时，将手机配件逐个定位到装配工位上，待机器人搬运和装配。

控制要求如下。

（1）"单机"工作状态下，按"启动"按钮，或者"联机"状态下，主站给出"启动"信号后，系统进入运行状态，"启动"指示灯亮，单击"送料按钮"，送料机构将按键托盘送至工作区，然后加盖机构将手机底座逐个推出并定位到装配工位上，待机器人装配。

（2）在"单机"工作状态下，按"停止"按钮，或者"联机"状态下，主站给出"停止"信号，"停止"指示灯亮，系统进入停止状态，所有气动机构均保持状态不变。

（3）在"单机"工作状态下，按"复位"按钮，或者"联机"状态下，主站给出"复位"信号，"复位"指示灯亮，系统进入复位状态，所有执行机构均恢复到初始位置。

（一）设计控制功能框图

根据任务要求，设计如图1-1-13所示的控制功能框图。

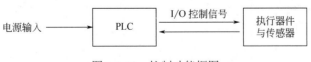

图1-1-13 控制功能框图

（二）设计主回路电气原理图以及I/O接线图

根据任务要求，设计主回路电气原理图及I/O接线图，如图1-1-14所示。

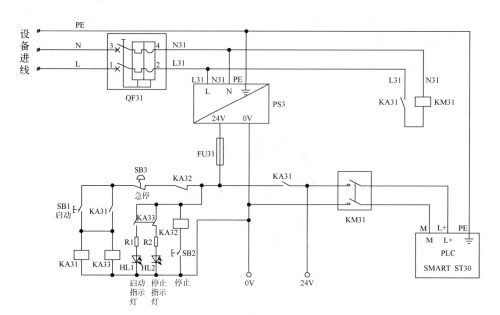

图 1-1-14　主回路电气原理图

（三）根据I/O接线图完成上料整列单元的安装与接线（图 1-1-15）

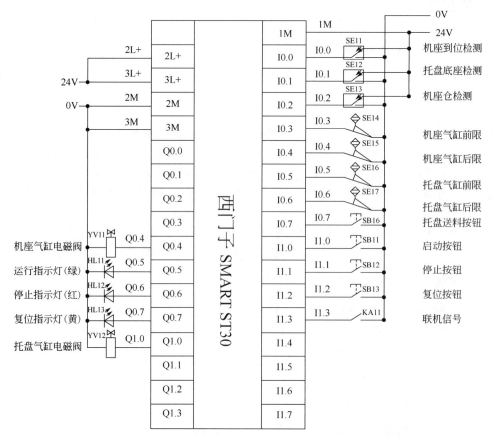

图 1-1-15　I/O 接线图

（四）上料整列单元 PLC 程序设计与编写

（1）设计 PLC 程序流程图，见图 1-1-16。

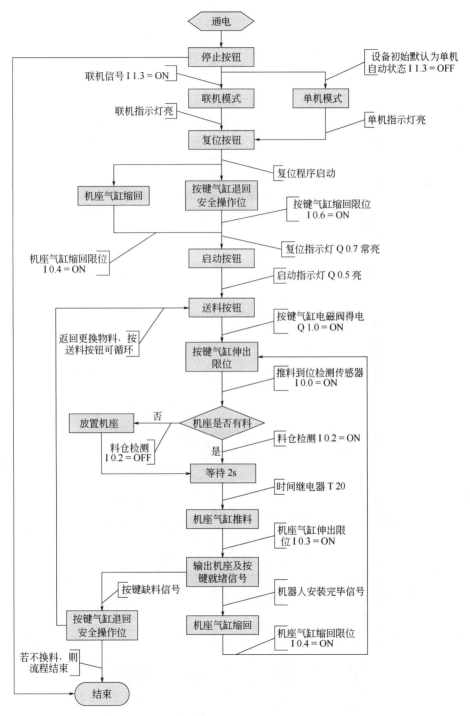

图 1-1-16　PLC 程序流程

（2）根据 PLC 程序流程图，编写 PLC 程序，见图 1-1-17。

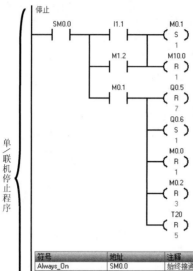

单/联机停止程序

符号	地址	注释
Always_On	SM0.0	始终接通
CPU_输出5	Q0.5	启动指示灯
CPU_输出6	Q0.6	停止指示灯
CPU_输入9	I1.1	停止按钮
M00	M0.0	启动程序
M01	M0.1	停止程序
M02	M0.2	复位程序
M100	M10.0	按键到位手机模型到位
M12	M1.2	联机停止

(a) 单/联机停止程序

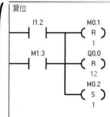

单/联机复位程序

符号	地址	注释
CPU_输出0	Q0.0	
CPU_输入10	I1.2	复位按钮
M01	M0.1	停止程序
M02	M0.2	复位程序
M13	M1.3	联机复位

复位

符号	地址	注释
Clock_1s	SM0.5	针对1 s的周期时间,时钟脉冲接通0.5 s,断开0.5 s
CPU_输出4	Q0.4	机座气缸电磁阀
CPU_输出7	Q0.7	复位指示灯
CPU_输出8	Q1.0	按键气缸电磁阀
CPU_输入0	I0.0	推料到位检测
CPU_输入4	I0.4	机座气缸缩回限位
CPU_输入6	I0.6	按键气缸缩回限位
M02	M0.2	复位程序
M04	M0.4	复位完成信号

(b) 单/联机复位程序

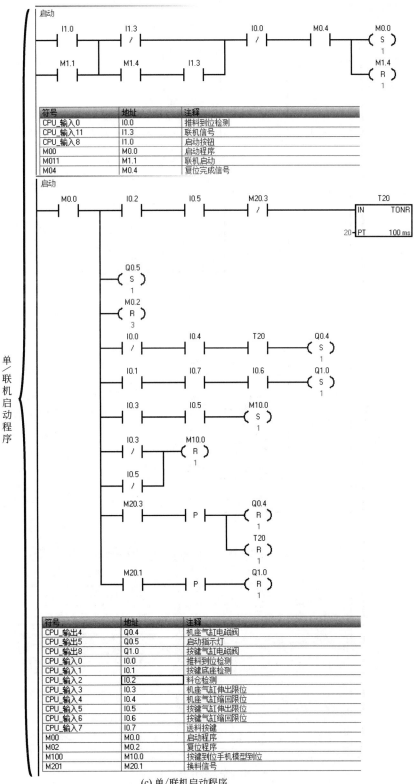

(c) 单/联机启动程序

图 1-1-17

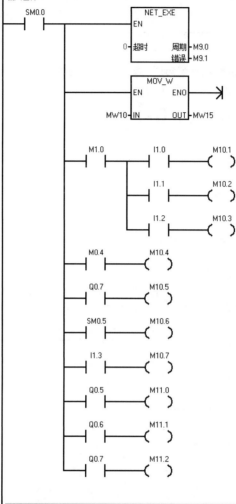

通信信号传送程序

符号	地址	注释
Always_On	SM0.0	始终接通
Clock_1s	SM0.5	针对1s的周期时间，时钟脉冲接通0.5s，断开0.5s
CPU_输出5	Q0.5	启动指示灯
CPU_输出6	Q0.6	停止指示灯
CPU_输出7	Q0.7	复位指示灯
CPU_输入10	I1.2	复位按钮
CPU_输入11	I1.3	联机信号
CPU_输入8	I1.0	启动按钮
CPU_输入9	I1.1	停止按钮
M04	M0.4	复位完成信号
M10	M1.0	全部联机
M101	M10.1	联机启动
M102	M10.2	联机停止
M103	M10.3	联机复位
M104	M10.4	复位完成信号
M105	M10.5	复位指示灯
M106	M10.6	通讯信号
M107	M10.7	联机信号
M110	M11.0	启动指示灯
M111	M11.1	停止指示灯
M112	M11.2	复位指示灯

(d) 通信信号传送程序

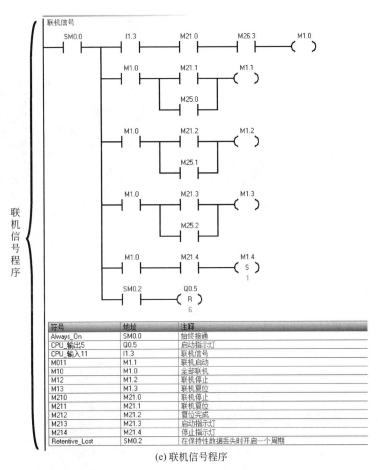

符号	地址	注释
Always_On	SM0.0	始终接通
CPU_输出5	Q0.5	启动指示灯
CPU_输入11	I1.3	联机信号
M011	M1.1	联机启动
M10	M1.0	全部联机
M12	M1.2	联机停止
M13	M1.3	联机复位
M210	M21.0	联机停止
M211	M21.1	联机复位
M212	M21.2	复位完成
M213	M21.3	启动指示灯
M214	M21.4	停止指示灯
Retentive_Lost	SM0.2	在保持性数据丢失时开启一个周期

(e) 联机信号程序

图 1-1-17 PLC 程序

（3）将程序输入 PLC，进行模拟调试。

（五）进行手机装配模型上料和储料设备的安装

具体过程如下。

步骤 1：先将模型桌体底部的四个脚杯固定好，装上公共部分后，如图 1-1-18 所示。

图 1-1-18 桌体装机示意图

步骤2：上料机构如图1-1-19所示，将上料机构用螺钉通过安装孔位固定在桌面合适位置，安装好后如图1-1-20所示。

图1-1-19　上料机构　　　　　　　　　图1-1-20　安装上料机构

步骤3：手机储料机构由出料平台、储料平台和加盖平台构成，出料平台和储料平台如图1-1-21所示。先将出料平台和储料平台各自组装好，然后再按图1-1-22所示用螺钉通过安装孔位安装到桌面合适的位置，安装好后如图1-1-23所示。

图1-1-21　出料平台和储料平台

图1-1-22　拼装出料平台和储料平台　　　图1-1-23　出料平台和储料平台安装完成

步骤4：加盖平台如图1-1-24所示，将其用螺钉通过安装孔位固定在桌面合适的位置，安装好后如图1-1-25所示。

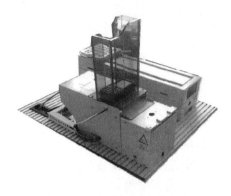

图 1-1-24 加盖平台　　　　　　　　　图 1-1-25 加盖平台安装完成

步骤 5：按键储料机构的基本构件如图 1-1-26 所示，先将按键储料机构的基本构件 A 和 B 按图 1-1-27 所示用螺钉固定好，然后用螺钉固定在桌面的合适位置，安装好后如图 1-1-28 所示。

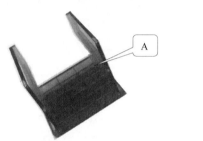

图 1-1-26 按键储料机构基本构件

图 1-1-27 拼装按键储料机构　　　　　图 1-1-28 按键储料机构安装完成

六、设备调试

1. 通电前的检查

（1）观察机构上各元件外表是否有明显移位、松动或损坏等现象。如果存在以上现象，应及时调整、紧固或更换元件。

（2）对照接口板端子分配表或接线图，检查桌面和挂板接线是否正确，尤其要检查 24V 电源、电气元件电源等连接线路是否有短路、断路现象。

⚠️ **注意** ｜ 设备初次组装调试时，必须认真检查线路是否正确，接线错误容易造成设备元件损坏。

（3）接通气路，打开气源，按电磁阀手动按钮，并确认各气缸及传感器的原始状态。

（4）设备上不能放置任何不属于本工作站的物品，如有发现请及时清除。

（5）检查托盘上各按键的位置是否摆放正确。

2. 传感器部分的调试

（1）D10BFP 型光纤传感器的感应范围为 0～10mm，要求确保物料放置时能够准确感应到，并且能输出信号。如果需要调节，请参照表 1-1-2 及图 1-1-29 所示执行。

表 1-1-2　D10BFP 静态两点示教方式

调节项目	图示	操作	说明
进入静态示教	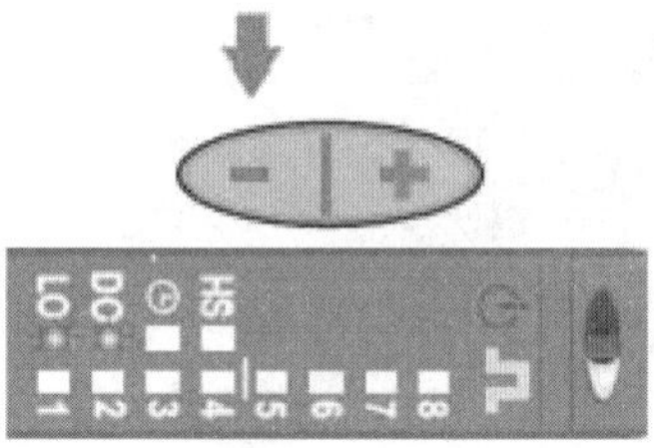	单击，进入静态	电源灯：OFF 输出灯：ON 状态灯：LO与DO交替闪烁 状态灯8：OFF
设定输出ON条件	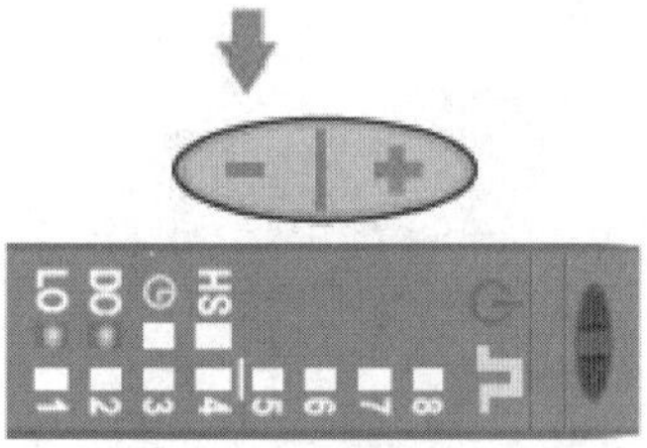	设定参数	电源灯：OFF 输出灯：闪烁，然后OFF 状态灯：LO与DO交替闪烁 状态灯8：OFF
设定输出OFF条件	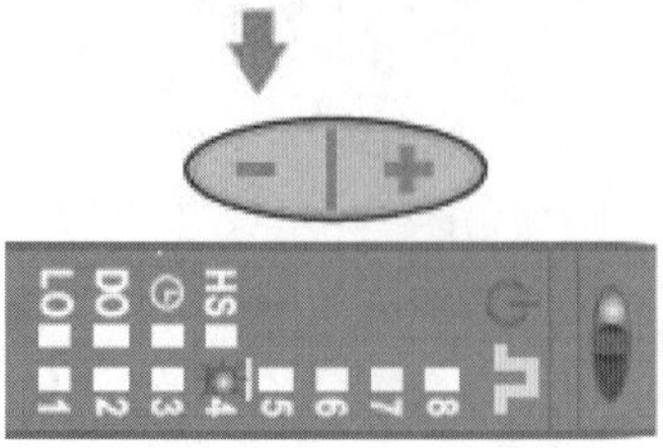	单击，设定参数	示教电源灯：ON 状态灯8：LED闪烁显示当前对比度 传感器：返回到运行模式
		设定参数	示教不接受 电源灯：OFF 状态灯：1、3、5、7交替闪烁，表示失败 传感器：返回到设定输出ON条件模式

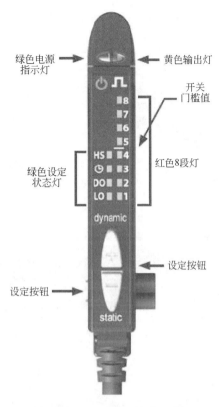

图 1-1-29　D10BFP 传感器功能

（2）磁性开关安装于无杆气缸的前限位或后限位，确保前后限位分别在气缸缩回和伸出时能够感应到，并且能输出信号，如图 1-1-30 所示为磁性开关安装在后限位。

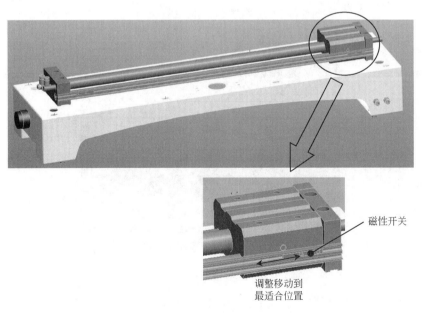

图 1-1-30　磁性开关调试

（3）QS18VN6CV45 型光电传感器是一种扩散反射型光电开关，它的感应范围为 8～43mm，其中 0～8mm 为它的感应盲区，安装调试时应确保传感器与检测物的距离保证大于 8mm，如图

1-1-31 所示，可通过调节此旋钮调节传感器的检测距离。

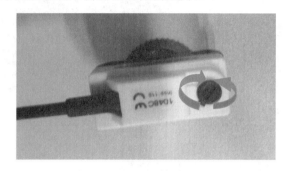

图 1-1-31　光电传感器调试

（4）节流阀控制进出气体流量，可以调节节流阀使气缸动作顺畅柔和，如图 1-1-32 所示。

节流阀

图 1-1-32　节流阀调试

（5）托盘的存放区及安全操作区，如图 1-1-33 所示。

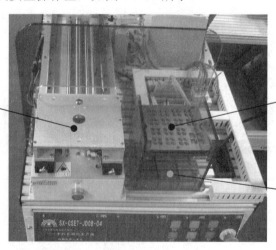

当无杆气缸退回安全操作区，方可更换或摆放按键托盘

托盘存放区

按键存放区

图 1-1-33　托盘存放区及安全操作区

（6）向机座料仓放入手机座时，请按其标签标识的方向进行放置。

（7）按键摆放及检查。

① 按键摆放到与托盘标号一致的位置，如图 1-1-34 所示。

此类错误会导致无法加盖（严禁发生）　　此类错误可视为不合格品（可以发生）

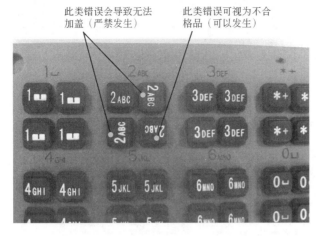

图 1-1-34　按键错误摆放

② 按键布满托盘时的整体效果，如图 1-1-35 所示。

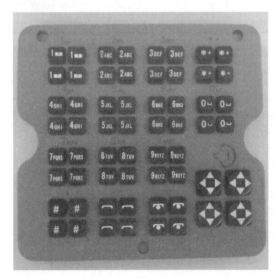

图 1-1-35　按键布满托盘

3.设备故障排查

设备故障查询如表 1-1-3 所示。

表 1-1-3　设备故障查询

故障现象	故障原因	解决方法
设备无法复位	无气压	打开气源或疏通气路
	无杆气缸磁性开关信号丢失	调整磁性开关位置
	机器人控制器与电脑连接时，无动作	在机器人软件中激活远程 I/O
	PLC 输出点烧坏	更换
	接线不良	紧固
	程序出错	修改程序
	开关电源损坏	更换
	PLC 损坏	更换

续表

故障现象	故障原因	解决方法
无杆气缸不动作	磁性开关信号丢失	调整磁性开关位置
	检测传感器没触发	参照"传感器不检测项"解决
	电磁阀接线错误	检查并更改
	无气压	打开气源或疏通气路
	磁性开关信号丢失	调整磁性开关位置
	PLC 输出点烧坏	更换
	接线错误	检查线路并更改
	程序出错	修改程序
	开关电源损坏	更换
	送料按钮损坏	更换
传感器无检测信号	PLC 输入点烧坏	更换
	接线错误	检查线路并更改
	开关电源损坏	更换
	传感器固定位置不合适	调整位置
	传感器损坏	更换

任务二 加盖单元集成

【学习目标】

① 能够进行加盖单元系统设计;
② 学会加盖单元的安装与接线方法;
③ 能够使用步进电机驱动升降系统;
④ 会编写加盖单元 PLC 控制程序;
⑤ 能够进行单元设备调试。

【任务描述】

本单元的主要任务是手机盖的自动上料并进行装配,然后将装配完的手机存储到成品站中,要求定位精准,装配准确。

【教学建议】

① 先观看相关视频,对整个系统有初步的了解后再进行学习;
② 配合工作页进行任务实施;
③ 做好小组分工,各成员分别负责设备安装、程序编写、系统调试、安全监控等任务;
④ 采用工学结合一体化教学模式,建议学时为 16 课时。

【学习准备】

一、步进电机

步进电机是将电脉冲信号转变为角位移或线位移的开环控制器件,如图 1-2-1 所示。在非超载的情况下，电机的转速、停止的位置只取决于脉冲信号的频率和脉冲数，而不受负载变化的影响，即给电机加一个脉冲信号，电机则转过一个步距角。由于存在这一线性关系，加上步进电机只有周期性的误差而无累积误差等特点，所以在速度、位置等应用领域，经常用步进电机来完成控制任务。

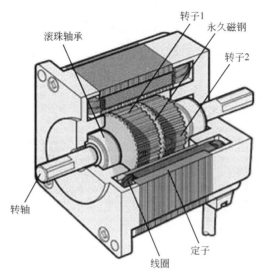

图 1-2-1　步进电机

1. 步进电机的分类（表 1-2-1）

表 1-2-1　步进电机的分类

分类方式	具体类型
按力矩产生的原理	（1）反应式：转子无绕组，由被激磁的定子绕组产生反应力矩实现步进运行 （2）激磁式：定、转子均有激磁绕组（或转子用永久磁钢），由电磁力矩实现步进运行
按输出力矩大小	（1）伺服式：通常只能驱动较小的负载，只有与液压扭矩放大器配用，才能驱动机床工作台等较大的负载 （2）功率式：输出力矩在 5～50N·m，可以直接驱动机床工作台等较大的负载
按定子数	（1）单定子式 （2）双定子式 （3）三定子式 （4）多定子式
按各相绕组分布	（1）径向分布式：电机各相按圆周依次排列 （2）轴向分布式：电机各相按轴向依次排列

2. 步进电机的工作原理

通常步进电机的转子为永磁体，当电流流过定子绕组时，定子绕组产生矢量磁场。该磁场会带动转子旋转某一角度，使得转子的一对磁场方向与定子的磁场方向一致。当定子的矢量磁场旋转一个角度后，转子也随着该磁场转一个角度。每输入一个电脉冲，电机就转动一个角度前进一步。它输出的角位移与输入的脉冲数成正比、转速与脉冲频率成正比。改变绕组通电的顺序，电机就会反转，所以可用控制脉冲数量、频率及电动机各相绕组的通电顺序来控制步进电机的转动。

3. 两相步进电机的工作方式

两相步进电机的工作方式主要有以下几种：

① 单（单相绕组通电）四拍：（A-B- $\overline{\text{A}}$ - $\overline{\text{B}}$ -A）循环；

② 双（双相绕组通电）四拍：（AB-B $\overline{\text{A}}$ - $\overline{\text{A}}$ $\overline{\text{B}}$ - $\overline{\text{B}}$ A-AB）循环；

③ 八拍：（A-AB-B-B $\overline{\text{A}}$ - $\overline{\text{A}}$ - $\overline{\text{A}}$ $\overline{\text{B}}$ - $\overline{\text{B}}$ - $\overline{\text{B}}$ A-A）循环；

④ 单四拍工作方式，如图 1-2-2 所示。

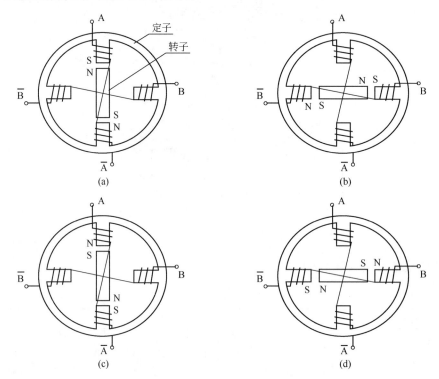

图 1-2-2   步进电机单四拍工作方式

二、步进电机驱动器

从图 1-2-2 所示的工作原理中可以知道，要让步进电机正常运转，必须按照设定的规律控制步进电机的每一相绕组的得电、失电。步进电机驱动器是一种将电脉冲转化为角位移的执行机构。当步进驱动器接收到一个脉冲信号，它就驱动步进电机按设定的方向转动一个固定的角度，它的旋转是以固定的角度一步一步运行的，可以通过控制脉冲个数来控制角位移量，从而达到准确定位的目的；同时可以通过控制脉冲频率来控制电机转动的速度和加速度，从而达到调速和定位的目的。

（一）步进电机驱动器的工作原理

步进电机驱动器的工作原理如图 1-2-3 所示。以两相步进电机为例，当驱动器给一个脉冲和一个正方向信号时，驱动器经过环形分配器使步进电机绕组按一定顺序通电，控制电机转动，其四个状态周而复始进行变化，电机顺时针转动；若方向信号变为负时，通电时序就会变化，电机就逆时针转动。

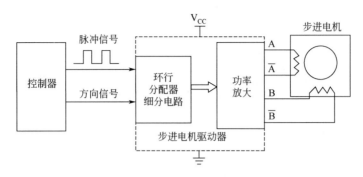

图 1-2-3 步进电机驱动器的工作原理

（二）步进电机驱动器的端子与接法

本任务所使用的步进电机驱动器是 KINCO 步科 2M420 步进驱动器，所以在此仅介绍 2M420 步进驱动器的典型接线方法和接线端子图。

（1）2M420 步进驱动器的典型接线图如图 1-2-4 所示。

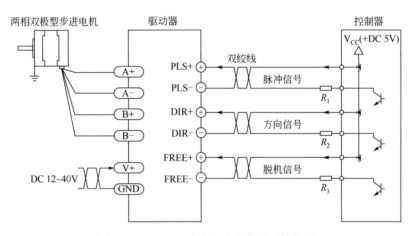

图 1-2-4 2M420 步进驱动器的典型接线图

（2）2M420 步进驱动器的接线端子图如图 1-2-5 所示。

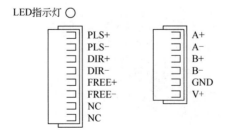

图 1-2-5 2M420 步进驱动器的接线端子图

（3）2M420 步进驱动器的规格参数见表 1-2-2。

表 1-2-2   2M420 步进驱动器的规格参数

名称	规格参数
供电电压	直流 24～40V
输出相电流	0.3～2.5A
控制信号输入电流	6～20mA
冷却方式	自然风冷
使用环境要求	避免有大量金属粉尘、油雾或腐蚀性气体
使用温度要求	−10～+45℃
使用环境	85%非冷凝
重量	0.4kg

三、气压传动

（一）气压传动的基本原理

气压传动是以压缩空气为工作介质进行能量传递和信号传递的一门技术。气压传动的工作原理是利用空压机把电动机或其他原动机械输出的机械能转换为空气的压力能，然后在控制元件的作用下，通过执行元件把压力能转换为直线运动或回转运动形式的机械能，从而完成各种动作，并对外做功。

（二）气压传动系统的组成

气压传动系统一般由气源装置、控制装置、执行元件、辅件元件组成。

1. 气源装置

气源装置是获得压缩空气的装置，其主体部分是空气压缩机，它将原动机供给的机械能转变为气体的压力能。

2. 控制装置

控制装置用来控制压缩空气的压力、流量和流动方向，以便使执行机构完成预定的工作循环。它包括各种压力控制阀、流量控制阀和方向控制阀等。

3. 执行元件

执行元件是将气体的压力能转换成机械能的一种能量转换装置。它包括实现直线往复运动的气缸和实现连续回转运动或摆动的气马达或摆动马达等。

4. 辅助元件

辅助元件是保证压缩空气的净化、元件的润滑、元件的连接及消声等所必需的元件。它包括过滤器、油雾器、管接头及消声器等。

四、实训设备

在校内的学习过程中，可以采用模拟实训设备进行训练，如图 1-2-6 所示。

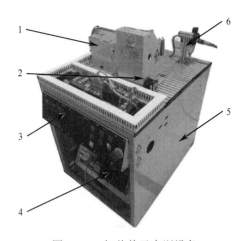

图 1-2-6 加盖单元实训设备
1—推盖机构；2—步进电机；3—控制面板；4—PLC；5—桌体；6—气动两联件

【任务实施】

五、手机加盖的上料与装配

工作任务：本站主要是负责手机盖的上料及装配完的手机存储功能，步进电机驱动升降台供料，定位精准。

控制要求如下。

（1）"单机"工作状态下，按"启动"按钮，或者在"联机"状态下主站给出"启动"信号，"启动"指示灯亮，系统进入运行状态，步进电机带动推盖机构上升，直到传感器检测到手机盖，推料气缸将其平稳推出。

（2）在"单机"工作状态下，按"停止"按钮，或者在"联机"状态下主站给出"停止"信号，"停止"指示灯亮，系统进入停止状态，步进电机停止转动，所有气动机构均保持状态不变。

（3）在"单机"工作状态下，按"复位"按钮，或者"联机"状态下主站给出"复位"信号，"复位"指示灯亮，系统进入复位状态，所有执行机构均恢复到初始位置。

（一）设计控制方框图

根据任务要求，设计如图 1-2-7 所示的控制功能方框图。

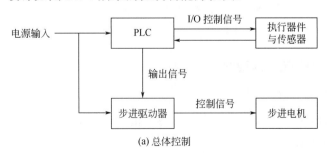

(a) 总体控制

图 1-2-7

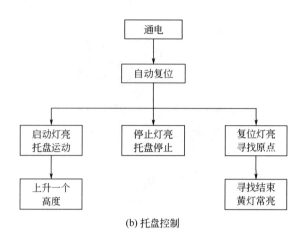

图 1-2-7　控制功能方框图

（二）设计电气控制原理图

1. 主电路电气原理图（图1-2-8）

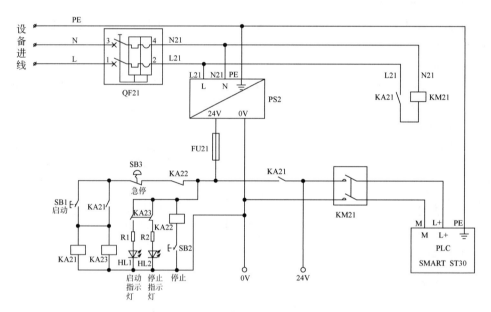

图 1-2-8　主电路电气原理图

2. 设计步进电机驱动电气原理图（图1-2-9）

3. 设计 PLC I/O 接线图

设计 PLC I/O 接线图，如图 1-2-10 所示，然后根据接线图完成加盖单元的接线与安装。

（三）加盖单元 PLC 程序设计与编写

（1）参照如图 1-2-7 所示的控制功能图，编写完成 PLC 程序流程图，如图 1-2-11 所示。

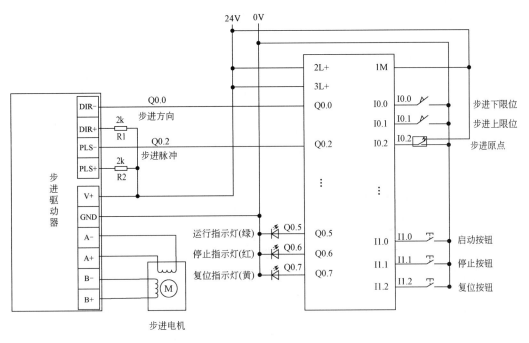

图 1-2-9　步进电机驱动电气原理图

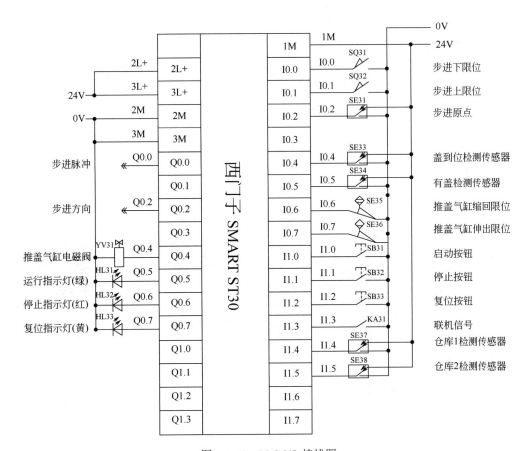

图 1-2-10　PLC I/O 接线图

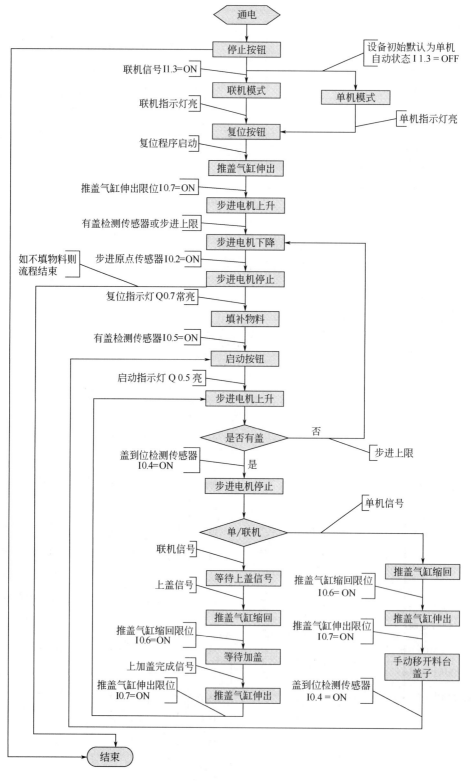

图 1-2-11 PLC 程序流程图

（2）根据 PLC 程序流程图，编写完成 PLC 程序，如图 1-2-12 所示。

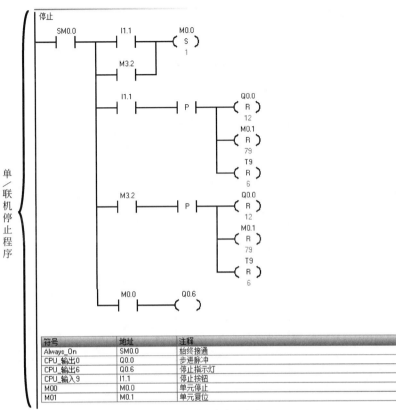

符号	地址	注释
Always_On	SM0.0	始终接通
CPU_输出0	Q0.0	步进脉冲
CPU_输出6	Q0.6	停止指示灯
CPU_输入9	I1.1	停止按钮
M00	M0.0	单元停止
M01	M0.1	单元复位

(a) PLC单/联机停止程序

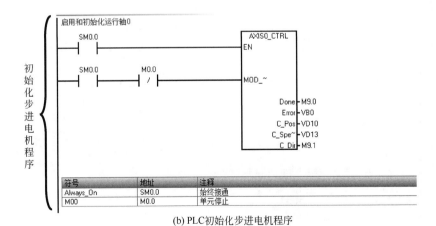

符号	地址	注释
Always_On	SM0.0	始终接通
M00	M0.0	单元停止

(b) PLC初始化步进电机程序

图 1-2-12

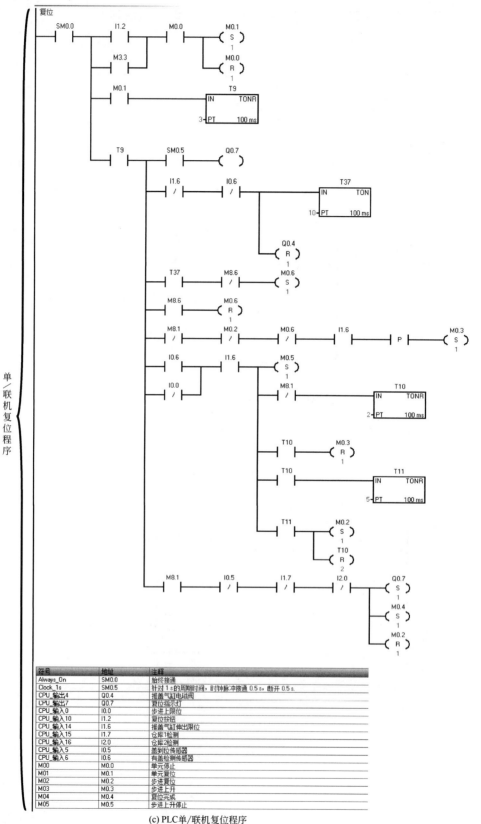

(c) PLC单/联机复位程序

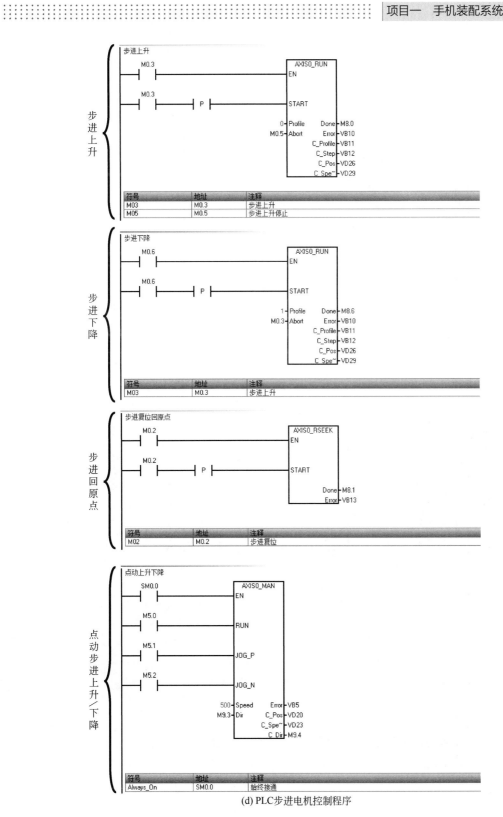

(d) PLC步进电机控制程序

图 1-2-12

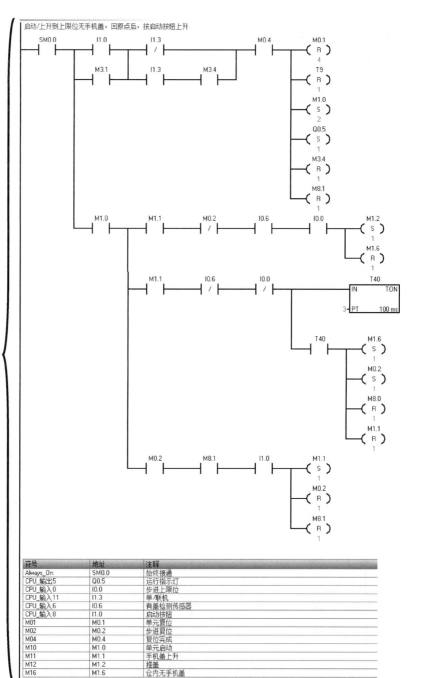

（e）PLC电机回原点程序

符号	地址	注释
Always_On	SM0.0	始终接通
CPU_输出5	Q0.5	运行指示灯
CPU_输入0	I0.0	步进上限位
CPU_输入11	I1.3	单/联机
CPU_输入6	I0.6	有盖检测传感器
CPU_输入8	I1.0	启动按钮
M01	M0.1	单元复位
M02	M0.2	步进复位
M04	M0.4	复位完成
M10	M1.0	单元启动
M11	M1.1	手机盖上升
M12	M1.2	推盖
M16	M1.6	仓内无手机盖

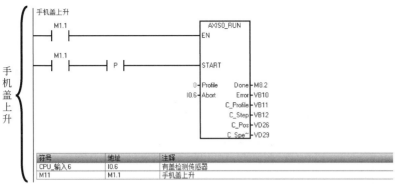

(f) PLC手机盖上升程序

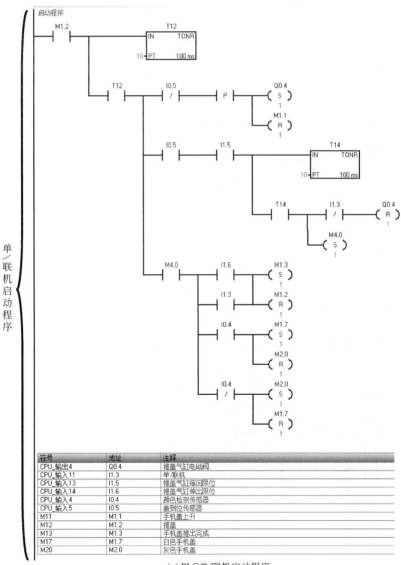

(g) PLC单/联机启动程序

图 1-2-12

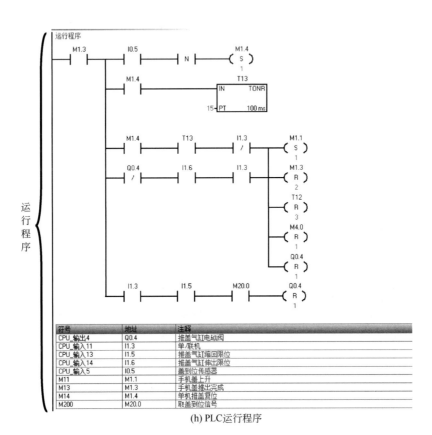

(h) PLC运行程序

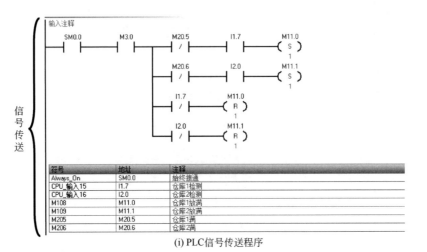

(i) PLC信号传送程序

(j) PLC通信信号传送程序

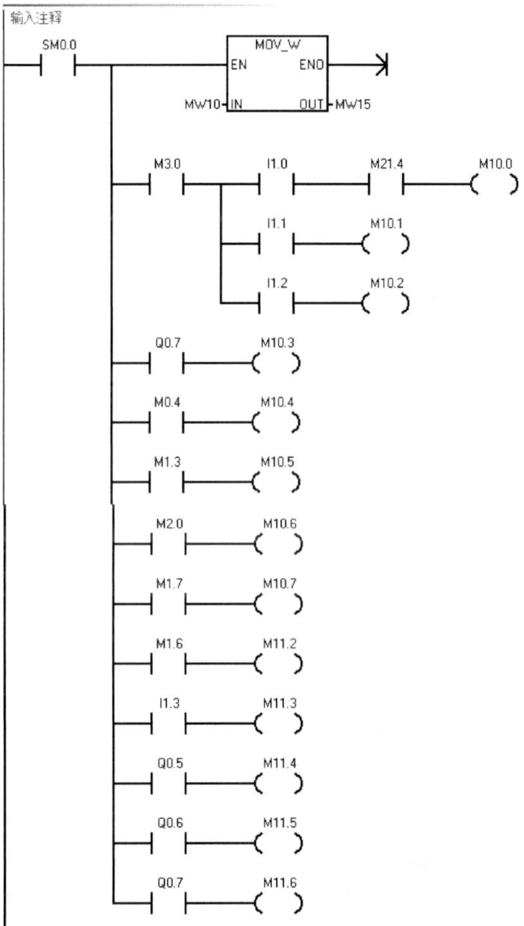

图 1-2-12

符号	地址	注释
Always_On	SM0.0	始终接通
CPU_输出5	Q0.5	运行指示灯
CPU_输出6	Q0.6	停止指示灯
CPU_输出7	Q0.7	复位指示灯
CPU_输入10	I1.2	复位按钮
CPU_输入11	I1.3	单/联机
CPU_输入8	I1.0	启动按钮
CPU_输入9	I1.1	停止按钮
M04	M0.4	复位完成
M100	M10.0	联机启动
M101	M10.1	联机停止
M102	M10.2	联机复位
M103	M10.3	复位指示灯
M104	M10.4	复位完成
M105	M10.5	手机盖推出完成
M106	M10.6	白色手机盖
M107	M10.7	灰色手机盖
M110	M11.2	仓内无手机盖
M111	M11.3	单/联机
M112	M11.4	启动指示灯
M113	M11.5	停止指示灯
M114	M11.6	复位指示灯
M13	M1.3	手机盖推出完成
M16	M1.6	仓内无手机盖
M17	M1.7	白色手机盖
M20	M2.0	灰色手机盖
M214	M21.4	复位完成

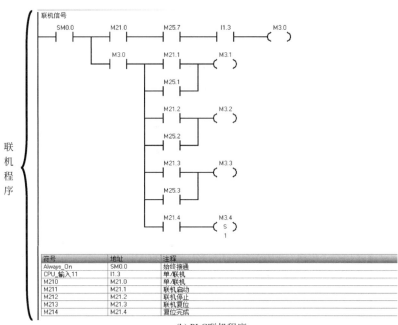

符号	地址	注释
Always_On	SM0.0	始终接通
CPU_输入11	I1.3	单/联机
M210	M21.0	单/联机
M211	M21.1	联机启动
M212	M21.2	联机停止
M213	M21.3	联机复位
M214	M21.4	复位完成

(k) PLC联机程序

图 1-2-12　PLC 程序

（四）设备安装

手机装配模型上料和储料机构设备安装的具体过程如下。

手机加盖模型由出盖平台机构和仓库机构构成。出盖平台机构的安装方法如下。

步骤 1：如图 1-2-13 所示，出盖平台机构由步进上盖机构、各传感器接口、光纤位置识别装置，以及步进电机快速连接机构组成，将出盖平台安装到桌体合适位置，如图 1-2-14 所示。

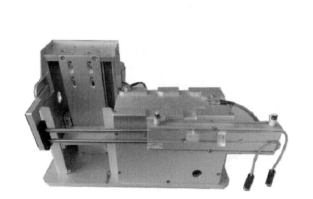

图 1-2-13　出盖平台机构

图 1-2-14　出盖平台安装到桌体位置

步骤 2：按照图 1-2-15 所示，把推料气缸的调节阀插入标配气管，再将气管的另一段插入如图 1-2-16 所示的电磁阀。

图 1-2-15　推料气缸

图 1-2-16　电磁阀

步骤 3：最后将推料气缸磁性开关的两个接插头（母），分别与加盖模型电气公共部分的接插头（公）相接。

图 1-2-17 所示是传感器和磁性开关接插头的连接方法，此方法对传感器接插头和磁性开关接插头的拆装均可参考。

图 1-2-17　接插头连接方法

步骤 4：仓库机构如图 1-2-18 所示，将两个仓库机构通过安装孔位安装在桌面合适的位置，安装以后如图 1-2-19 所示。

图 1-2-18　仓库机构

图 1-2-19　安装仓库机构

六、设备调试

（一）通电前的检查

（1）观察机构上各元件外表是否有明显的移位、松动或损坏等现象，如果存在以上现象，应及时调整、紧固或更换元件。

（2）对照接口板端子分配表或接线图，检查桌面和挂板接线是否正确，尤其要检查 24V 电源、电气元件电源等线路是否有短路、断路现象。

（3）接通气路，打开气源，按电磁阀手动按钮，确认各气缸及传感器的原始状态。

（4）设备上不能放置任何不属于本工作站的物品，如有发现请及时清除。

（二）启动设备前的注意事项

（1）检查手机盖的位置是否摆放正确。

（2）传感器部分的调试如下。

① E3X-ZD11 型光纤放大器：调整传感器的极性并检测门槛值，光纤放大器如图 1-2-20 所示。门槛值的大小可以根据环境的变化及具体要求来设定。光纤头安装时应注意：光纤线严禁大幅度曲折。

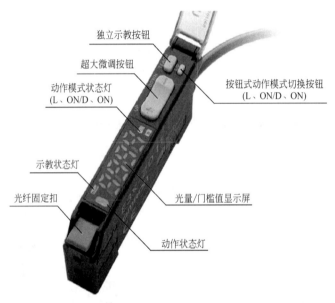

图 1-2-20　光纤放大器

② 磁性开关：磁性开关安装于无杆气缸的前限位或后限位，确保前后限位分别在气缸缩回和伸出时能够感应到，并能输出信号，如图 1-2-21 所示。

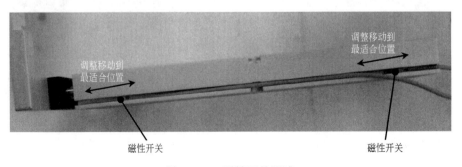

图 1-2-21　磁性开关调试

（3）节流阀调试：控制进出气体流量，调节节流阀，使气缸动作顺畅柔和，如图 1-2-22 所示。

图 1-2-22 节流阀调试

（4）手机上盖机构调试及注意事项。

① 手机盖的定位必须高于上盖平台 0.5～1.5mm，确保推盖时顺畅无阻，同时气缸缩回时不能碰到下面的手机盖，如图 1-2-23 所示。

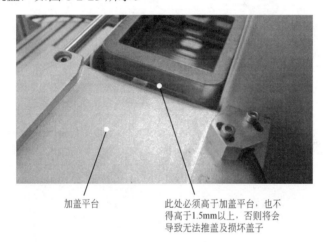

加盖平台

此处必须高于加盖平台，也不得高于1.5mm以上，否则将会导致无法推盖及损坏盖子

图 1-2-23 手机盖定位

② 正常推盖，如图 1-2-24 所示。

气缸推出和缩回时，不能碰到下面的手机盖，否则容易损坏手机盖

图 1-2-24 正常推盖示意

（5）步进电机驱动器的调整。

① 步进驱动器的 DIP 拨码开关默认设置为 11010111，如图 1-2-25 所示。

注意：手机装配步进拨码为 00011111，细分为 10111，电流为 1.20A。

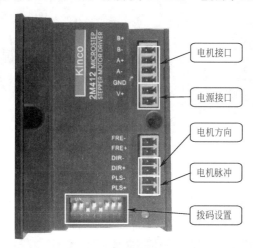

图 1-2-25 步进驱动器的 DIP 拨码开关

② 步进驱动器各端口定义如表 1-2-3 所示。

表 1-2-3 步进驱动器端口定义

标记符号	功能	注释
POWER	电源指示灯	绿色：电源指示灯
PLS	步进脉冲信号	下降沿有效，每当脉冲由高低变化时，电机走一步
DIR	步进方向信号	用于改变电机转向
V+	电源正极	DC 12～40V
GND	电源负极	
A+	电机接线	A 相接线
A−		
B+		B 相接线
B−		
DIP1～DIP8	电机电流细分数设置	ON：1
		OFF：0

③ DIP 开关功能说明：DIP 拨码开关用来设定驱动器的工作方式和工作参数，使用前请务必仔细阅读！注意：更改拨码开关的设定之前，请先切断电源！DIP 拨码开关的功能描述如表 1-2-4 所示。

表 1-2-4 DIP 拨码开关的功能

开关序号	ON 功能	OFF 功能
DIP1～DIP4	细分设置用	细分设置用
DIP5	静态电流半流	静态电流全流
DIP6～DIP8	输出电流设置用	输出电流设置用

④ 细分设定如表 1-2-5 所示。

表 1-2-5　细分设定表

开关序号			DIP1 为 ON	DIP1 为 OFF
DIP2	DIP3	DIP4	细分（一）	细分（二）
ON	ON	ON	无效	2
OFF	ON	ON	4	4
ON	OFF	ON	8	5
OFF	OFF	ON	16	10
ON	ON	OFF	32	25
OFF	ON	OFF	64	50
ON	OFF	OFF	128	100
OFF	OFF	OFF	256	200

 **注意**　驱动器 PLS 脉冲信号及 DIR 方向信号为 DC5V 信号接入，如接入信号为 DC24V，请务必在线路中串接 2kΩ 电阻，否则会烧坏驱动器设备。

（6）设备故障查询如表 1-2-6 所示。

表 1-2-6　设备故障查询

故障现象	故障原因	解决方法
设备无法复位	无气压	打开气源或疏通气路
	磁性开关信号丢失	调整磁性开关位置
	PLC 输出点烧坏	更换
	接线不良	紧固
	程序出错	修改程序
	开关电源损坏	更换
	PLC 损坏	更换
气缸不动作	磁性开关信号丢失	调整磁性开关位置
	电磁阀接线错误	检查并更改
	无气压	打开气源或疏通气路
	无杆气缸磁性开关信号丢失	调整磁性开关位置
	PLC 输出点烧坏	更换
	接线错误	检查线路并更改
	程序出错	修改程序
	开关电源损坏	更换
步进电机不动作	接线不良	紧固
	PLC 输出点烧坏	更换
	进步电机损坏	更换
	磁性开关信号丢失	调整磁性开关位置
卡盖	有盖检测传感器设置不当	重新设置有盖检测传感
传感器不检测	PLC 输入点烧坏	更换
	接线错误	检查线路并更改
	开关电源损坏	更换
	传感器固定位置不合适	调整位置
	传感器损坏	更换

任务三　工业机器人装配系统集成

【学习目标】

① 会设计以工业机器人为核心的手机装配系统；
② 学会手机装配系统的安装与接线；
③ 能够根据工作任务编写工业机器人程序、PLC 程序；
④ 能够根据工作任务设置工业机器人的各项参数；
⑤ 掌握手机装配系统调试方法；

【任务描述】

设备启动后，按下送料按钮时，送料气缸伸出将托盘运送至机器人工作端，同时推料气缸将手机底座推出，并定位在加盖平台上；机器人开始进行按键装配及手机盖装配并搬运，完毕后手机底座推料气缸缩回，进行二次送料准备。按键托盘可满足 4 组按键装配，待 4 次装配任务完成后送料气缸缩回并进行托盘更换，然后再执行下一组任务。

【教学建议】

① 先观看相关视频，对整个系统有初步的了解后再进行学习；
② 配合工作页进行任务实施；
③ 做好小组分工，各成员分别负责设备安装、程序编写、系统调试、安全监控等任务；
④ 采用工学结合一体化教学模式，建议学时为 16 课时。

【学习准备】

一、工业机器人的组成与分类

（一）工业机器人的组成

工业机器人由三大部分、六个子系统组成。三大部分是：机械本体、传感器部分和控制部分；六个子系统是：驱动系统、机械结构系统、感知系统、机器人-环境交互系统、人机交互系统以及控制系统。对部分子系统介绍如下。

（1）驱动系统：要使机器人运行起来，需要给各个关节即每个运动自由度安装传动装置，这就是驱动系统。驱动系统可以是液压、气动或电动的，也可以是把它们结合起来应用的综合系统，还可以是直接驱动或者通过同步带、链条、轮系、谐波齿轮等机械传动机构进行间接驱动。

（2）机械结构系统：工业机器人的机械结构系统由机身、手臂、末端执行器三大件组成。每一大件都由若干自由度构成一个多自由度的机械系统。若机身具备行走机构便构成行走机器人；若机身不具备行走及腰转机构，则构成单机器人臂，手臂一般由上臂、下臂和手腕组成。末端执行器是接装在手腕上的重要部件，它可以是二手指或多个手指的手爪。

（3）感知系统：感知系统由内部传感器和外部传感器组成，其作用是获取机器人内部和外部环境信息，并把这些信息反馈给控制系统。内部状态传感器用于检测各个关节的位置、速度等变量，为闭环伺服控制系统提供反馈信息。外部传感器用于检测机器人与周围环境之间的一些状态变量，如距离、接近程度和接触情况等，用于引导机器人，便于其识别物体并做出相应处理。外部传感器一方面使机器人更准确地获取周围环境情况；另一方面也能起到误差矫正的作用。

（4）控制系统：控制系统的任务是根据机器人的作业指令，从传感器获取反馈信号，控制机器人的执行机构，使其完成规定的运动和功能。如果机器人不具备信息反馈特征，则该控制系统称为开环控制系统；如果机器人具备信息反馈特征，则该控制系统称为闭环控制系统。该部分主要由计算机硬件和软件组成，软件主要由人机交互系统和控制算法等组成。

（二）工业机器人的分类

（1）工业机器人按臂部的运动形式分为四种：

① 直角坐标型的臂部可沿三个直角坐标移动；

② 圆柱坐标型的臂部可做升降、回转和伸缩动作；

③ 球坐标型的臂部能回转、俯仰和伸缩；

④ 关节型的臂部有多个转动关节。

（2）工业机器人按执行机构运动的控制机能又可分点位型和连续轨迹型。

① 点位型只控制执行机构由一点到另一点的准确定位，适用于机床上下料、点焊和一般搬运、装卸等作业。

② 连续轨迹型可控制执行机构按给定轨迹的运动，适用于连续焊接和涂装等作业。

（3）工业机器人按程序输入方式分为编程输入型和示教输入型两类。

① 编程输入型是将计算机上已编好的作业程序文件，通过 RS-232 串口或者以太网等通信方式传送到机器人控制柜。

② 示教输入型的示教方法有以下两种。

a. 由操作者用手动控制器（示教操纵盒），将指令信号传给驱动系统，使执行机构按要求的动作顺序和运动轨迹操演一遍。

b. 由操作者直接领动执行机构，按要求的动作顺序和运动轨迹操演一遍。在示教过程的同时，工作程序的信息即可自动存入程序存储器中，在机器人自动工作时，控制系统从程序存储器中检出相应信息，将指令信号传给驱动机构，使执行机构再现示教的各种动作。示教输入程序的工业机器人称为示教再现型工业机器人。

（4）智能工业机器人是具有触觉、力觉或简单视觉的工业机器人，能在较为复杂的环境下工作，具有识别功能或更进一步增加自适应、自学习功能。它能按照人给的"宏指令"自选或自编程序去适应环境，并自动完成更为复杂的工作。

（三）工业机器人的应用场景

在短短 50 多年的时间中，机器人技术得到了迅速的发展，在众多制造业领域中，工业机器人应用最广泛的领域是汽车及汽车零部件制造业，并且正在不断地向其他领域拓展，如机械加工行业、电子电气行业、橡胶及塑料工业、食品工业、木材与家具制造业等领域中。

在工业生产中，磨抛加工机器人、焊接机器人、激光加工机器人、真空机器人、喷涂机器人、搬运机器人等工业机器人都已被大量采用。

1. 磨抛加工机器人

磨抛加工机器人主要应用于叶片等机械零部件的磨抛，例如，采用机器人持砂带在叶片表面磨抛，采用柔性接触、视觉定位的方式减小磨抛缺陷，如图 1-3-1 所示。

与人工磨抛相比，机器人作业具有加工时间短、型面精度高、表面粗糙度小、加工一致性好的特点，能适应大负载、恶劣的工作环境、精度要求高的场合。

2. 焊接机器人

焊接机器人主要应用于各类汽车零部件的焊接生产，主要有熔化极焊接作业和非熔化极焊接作业两种类型。

在该领域，国际大型工业机器人生产企业，主要以向成套装备供应商提供单元产品为主。其应用特点：要求快速平稳移动，定位精度要求较高，如图 1-3-2 所示。

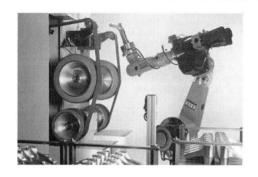

图 1-3-1　磨抛加工机器人

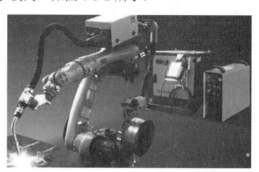

图 1-3-2　焊接机器人

3. 激光加工机器人

激光加工机器人是将机器人技术应用于激光加工中，通过高精度工业机器人，实现更加柔性的激光加工作业。

通过对加工工件的自动检测，产生加工件的模型，继而生成加工曲线，也可以利用 CAD 数据直接加工，可用于工件的激光表面处理、打孔、焊接和模具修复等，其精度要求较高，如图 1-3-3 所示。

4. 真空机器人

真空机器人是一种在真空环境下工作的机器人，主要应用于半导体工业中，实现晶圆在真空腔室内的传输。

真空机械人难进口、受限制、用量大、通用性强，因此成为制约半导体装备整机的研发进度和整机产品竞争力的关键部件。其精度要求较高，如图 1-3-4 所示。

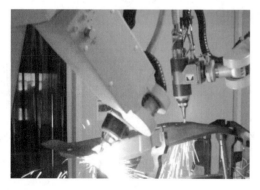

图 1-3-3　激光加工机器人

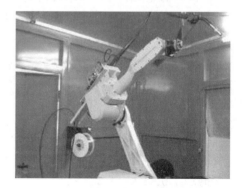

图 1-3-4　真空机器人

5. 喷涂机器人

喷涂机器人一般采用液压驱动，具有动作速度快、防爆性能好等特点，可通过手把手示教或点位示教进行教学。

喷涂机器人广泛用于汽车、仪表、电器、搪瓷等工艺生产部门。喷涂机器人所处工作环境恶劣，其精度要求较低，如图 1-3-5 所示。

6. 搬运机器人

搬运机器人由计算机控制，具有可移动、自动导航、多传感器控制、网络交互等功能，它可广泛应用于各行业的柔性搬运、传输等作业，也用于自动化立体仓库、柔性加工系统、柔性装配系统。同时，可在车站、机场、邮局的物品分拣中作为运输工具。其负载大，无严格精度要求。

二、工业机器人的主要技术参数

工业机器人的主要技术参数一般包括：自由度、定位精度和重复定位精度，以及工作范围、最大工作速度和承载能力等。

1. 自由度

自由度是指机器人所具有的独立坐标轴运动的数目。机器人的自由度是根据它的用途来设计的，在三维空间中描述一个物体的姿态需要六个自由度，如图 1-3-6 所示。机器人的自由度，可以少于六个，也可以多于六个。

大多数机器人从总体上看是个开链机构，但是其中可能包含局部闭环机构，闭环结构可以提高刚性，但是会限制关节的活动范围，工作空间会缩小。

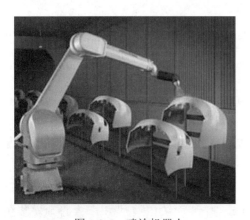

图 1-3-5　喷涂机器人

图 1-3-6　机器人自由度

2. 定位精度和重复定位精度

我们经常说到的机器人的精度，是指机器人的定位精度和重复定位精度。

（1）定位精度：机器人手部实际到达位置和目标位置之间的差异。

（2）重复定位精度：机器人重新定位其手部于同一目标位置的能力，可以用标准偏差这个统计量来表示。

3. 工作范围

也就是机器人的工作区域，机器人手臂末端或手腕中心所能到达的所有点的集合。工作形态和范围大小十分重要，机器人在进行某一个作业的时候，可能会因为存在手部不能到达的作业死区而不能完成任务，如图 1-3-7 所示。

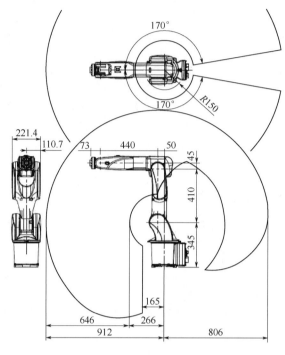

图 1-3-7　机器人的工作范围

4. 最大工作速度

通常指机器人手臂末端的最大速度，工作速度直接影响工作效率，提高工作速度可以提高工作效率，所以机器人的加速、减速能力显得尤为重要，需要保证机器人加速、减速的平稳性。

5. 承载能力

是指机器人在工作范围内，任何位置上所能承受的最大载荷量。机器人载荷不仅取决于负载的质量，而且还和机器人的运行速度和加速度的大小和方向有关。

承载能力是指高速运行时的承载能力，承载能力不仅要考虑负载，还要考虑机器人末端操作器的质量。

6. 本体重量

机器人本体重量是设计机器人单元时的一个重要因素。如果工业机器人必须安装在一个定制的机台，甚至在导轨上，则需要知道它的重量，才能设计相应的支撑。

7. 刹车和转动惯量

基本上每个机器人制造商都会提供他们生产的机器人制动系统的信息，有些生产商会对所有的机器人轴都配备刹车。想要在工作区中确保精确和可重复的位置，则需要有足够数量的刹车。

还有一种特别情况，发生意外断电的时候，不带刹车的负重机器人轴不会锁死，有可能会造成意外的事故。

某些机器人制造商也提供机器人的转动惯量参数。这对于设计安全性来说，将是一个额外的保障。如果机器人的动作需要一定量的扭矩才能正确完成工作，就需要检查在该轴上适用的最大扭矩是否正确。如果转动惯量选用不正确，则机器人可能由于过载而不能工作。

8. 防护等级

根据机器人的使用环境，应合理选择达到一定防护等级（IP等级）的标准。一些制造商会提供针对不同的使用场合和不同防护等级的机械手产品系列。

如果机器人在与生产食品相关的产品，医药、医疗器具，或易燃易爆的环境中工作时，其防护等级会有所不同。例如，标准：IP40；油雾：IP67；清洁ISO等级：3。

三、工业机器人的选型

首先要明白使用工业机器人做什么，也就是用途。每种行业都有非常专业的机器人，如焊接、切割、喷涂、冲压等都有对应的专业机器人。确定了应用范围以后，就可以根据机器人的参数确定需要的型号了。

1. 机器人的类型

可以根据机器人的用途选择机器人的类型，例如，想要快速进行分拣工作，就可以选择Delta机器人；想要在某个空间进行搬运，可以使用搬运机器人；如果想要在工作过程中完成避障，就需要使用具有多自由度的机器人。

2. 机器人的自由度

机器人的自由度也就是机器人的轴数，轴数越多机器人的自由度越高，机器人的灵活性也就越强，所能做的动作就可以更加复杂。如果只是用于简单的拾取放置工作，那么一个四轴机器人就足够了。但是，如果需要在一个比较狭窄的空间完成特定的工作，那么选用的机器人需要有很强的灵活性。理论上，轴数越多，灵活性就越强，不过，轴数越多需要做的编程工作就越复杂，这就需要视具体工作而定。

3. 机器人的负载

机器人的负载决定了机器人工作时候可以承载的最大重量，所以需要估算生产线上配件的重量，然后选择机器人合适的负载。

4. 最大运动范围

每一台工业机器人都有最大的运动范围和可以到达最远的距离，这时候就需要考虑它的运动范围是不是符合需求。

5. 速度

一般来说，机器人使用说明书都会给出一个最大速度参数，速度高的机器人效率会高一些，完成工作的时间也会短一些。

6. 重复定位精度

这个参数直接反映了机器人的精确性，机器人重复完成一个动作，到达一个位置会有一个误差，精度越高的机器人误差越小，一般的机器人误差都在±0.5mm以内。如果对精度要求非常高，就要重视这个参数。如果对精度要求不高，就没有必要选择重复定位精度非常高的产品。

7. 惯性力矩

机器人的惯性力矩和各轴的允许力矩，对机器人的安全运行有着非常重要的影响，如果用户对力矩有一定的要求，就需要仔细核对各轴的力矩是不是满足，如果超限就可能导致机器人发生故障。

8. 防护等级

如果机器人使用的环境有灰尘或者有水，就会对机器人的运行产生影响，那么就要合理选择机器人的防护等级。不同机器人对各种环境的适应性是有区别的，必须选择与工作环境适配的机器人。

四、ABB IRB 120 工业机器人

IRB 120 小型工业机器人如图 1-3-8 所示，它是 ABB 新型第四代机器人家族的新成员。IRB 120 具有敏捷、紧凑、轻量的特点，控制精度与路径精度俱优，是物料搬运与装配应用的理想选择。IRB 120 小型工业机器人各项参数如表 1-3-1 所示。

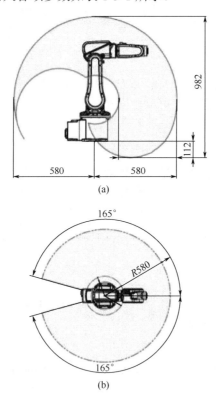

(a)

(b)

图 1-3-8　IRB 120 小型工业机器人

表 1-3-1　IRB 120 小型工业机器人参数表

规格			
型号	工作范围	有效荷重	手臂荷重
IRB 120	580 mm	3 kg（4 kg）	0.3 kg
特性			
集成信号源		手腕设 10 路信号	
集成气源		手腕设 4 路空气	
重复定位精度		0.01mm	
机器人安装		任意角度	
防护等级		IP30	
控制器		IRC5/ IRC5 单柜型	

续表

运动		
轴运动	工作范围	最大速度
轴 1 旋转	+165°～-165°	250°/s
轴 2 手臂	+110°～-110°	250°/s
轴 3 手臂	+70°～-90°	250°/s
轴 4 手腕	+70°～-90°	250°/s
轴 5 弯曲	+120°～-120°	320°/s
轴 6 翻转	+400°～-400°	420°/s
性能		
1 kg 拾料节拍		
拾料时间（25 mm×300 mm×25 mm）	0.58 s	
TCP 最大速度	6.2 m/s	
TCP 最大加速度	28 m/s^2	
加速时间 0～1 m/s	0.07 s	
电气连接		
电源	200～600 V，50/60(Hz)	
额定功率及功耗		
变压器额定功率	3.0 kV·A	
功耗	0.25 kW	
物理特性		
机器人底座尺寸	180 mm×180 mm	
机器人高度	700 mm	
重量	25 kg	
环境		
运行中	+5℃（41℉）～+45℃（122℉）	
运输与储存时	-25℃（-13℉）～+55℃（131℉）	
短期	最高+70℃（158℉）	
相对湿度	最高 95%	
选件	洁净室 ISO 5 级（IPA 认证）	
噪声	最高 70 dB (A)	
安全性	安全停、紧急停 2 通道安全回路监测 3 位启动装置	
辐射	EMC/EMI 屏蔽	

五、机器人常用指令

ABB 机器人提供了丰富的 RAPID 程序指令，方便了大家对程序的编制，同时也为复杂应用的实现提供了可能。以下按照 RAPID 程序指令、功能的用途，对每个指令的功能作简要说明，如对指令的使用与参数需要详细了解，可以查看 ABB 机器人说明书中的详细说明。

（一）程序执行的控制

1. 程序的调用（表1-3-2）

表1-3-2　程序的调用

指令	说明
ProcCall	调用例行程序
CallByVar	通过带变量的例行程序名称调用例行程序
RETURN	返回原例行程序

2. 例行程序内的逻辑控制（表1-3-3）

表1-3-3　例行程序内的逻辑控制

指令	说明
Compact IF	如果条件满足，就执行一条指令
IF	当满足不同的条件时，执行对应的程序
FOR	根据指定的次数，重复执行对应的程序
WHILE	如果条件满足，重复执行对应的程序
TEST	对一个变量进行判断，从而执行不同的程序
GOTO	跳转到例行程序内标签的位置
Label	跳转标签

3. 停止程序执行（表1-3-4）

表1-3-4　停止程序执行

指令	说明
Stop	停止程序执行
EXIT	停止程序执行并禁止在停止处再开始
Break	临时停止程序的执行，用于手动调试
ExitCycle	中止当前程序的运行，并将程序指针PP复位到主程序的第一条指令。如果选择了程序连续运行模式，程序将从主程序的第一句重新执行

（二）变量指令

变量指令主要用于以下方面：
① 对数据进行赋值；
② 等待指令；
③ 注释指令；
④ 程序模块控制指令。

1. 赋值指令（表1-3-5）

表1-3-5　赋值指令

指令	说明
:=	对程序数据进行赋值

2. 等待指令（表1-3-6）

表1-3-6 等待指令

指令	说明
WaitTime	等待一个指定的时间程序再往下执行
WaitUntil	等待一个条件满足后程序继续往下执行
WaitDI	等待一个输入信号状态为设定值
WaitDO	等待一个输出信号状态为设定值

3. 程序注释（表1-3-7）

表1-3-7 程序注释

指令	说明
comment	对程序进行注释

4. 程序模块加载（表1-3-8）

表1-3-8 程序模块加载

指令	说明
Load	从机器人硬盘加载一个程序模块到运行内存
UnLoad	从运行内存中卸载一个程序模块
Start Load	在程序执行的过程中，加载一个程序模块到运行内存中
Wait Load	当 Start Load 使用后，使用此指令将程序模块连接到任务中使用
CancelLoad	取消加载程序模块
CheckProgRef	检查程序引用
Save	保存程序模块
EraseModule	从运行内存删除程序模块

5. 变量功能（表1-3-9）

表1-3-9 变量功能

指令	说明
TryInt	判断数据是否是有效的整数
OpMode	读取当前机器人的操作模式
RunMode	读取当前机器人程序的运行模式
NonMotionMode	读取程序任务当前是否无运动的执行模式
Dim	获取一个数组的维数
Present	读取带参数例行程序的可选参数值
IsPers	判断一个参数是不是可变量
IsVar	判断一个参数是不是变量

6. 转换功能（表 1-3-10）

表 1-3-10   转换功能

指令	说明
StrToByte	将字符串转换为指定格式的字节数据
ByteTostr	将字节数据转换成字符串

（三）运动设定

1. 速度设定（表 1-3-11）

表 1-3-11   运动设定

指令	说明
MaxRobspeed	获取当前型号机器人可实现的最大 TCP 速度
VelSet	设定最大的速度与倍率
SpeedRefresh	更新当前运动的速度倍率
Accset	定义机器人的加速度
WorldAccLim	设定大地坐标中工具与载荷的加速度
PathAccLim	设定运动路径中 TCP 的加速度

2. 轴配置管理（表 1-3-12）

表 1-3-12   轴配置管理

指令	说明
ConfJ	关节运动的轴配置控制
ConfL	线性运动的轴配置控制

3. 奇异点的管理（表 1-3-13）

表 1-3-13   奇异点的管理

指令	说明
SingArea	设定机器人运动时，在奇异点的插补方式

4. 位置偏置功能（表 1-3-14）

表 1-3-14   位置偏置功能

指令	说明
PDispOn	激活位置偏置
PDispSet	激活指定数值的位置偏置
PDispOff	关闭位置偏置
EOffsOn	激活外轴偏置

指令	说明
EOffsSet	激活指定数值的外轴偏置
EOffsOff	关闭外轴位置偏置
DefDFrame	通过三个位置数据计算出位置的偏置
DefFrame	通过六个位置数据计算出位置的偏置
ORobT	从一个位置数据删除位置偏置
DefAccFrame	从原始位代和替换位代定义一个框架

5. 软伺服功能（表1-3-15）

表1-3-15　软伺服功能

指令	说明
SoftAct	激活一个或多个轴的软伺服功能关闭软伺服功能
SoftDeact	关闭软伺服功能

6. 机器人参数调整功能（表1-3-16）

表1-3-16　机器人参数调整功能

指令	说明
TuneServo	伺服调整
TuneReset	伺服调整复位
PathResol	几何路径精度调整
CirPathMode	在圆弧插补运动时，工具姿态的变换方式

7. 空间监控管理（表1-3-17）

表1-3-17　空间监控管理

指令	说明
WZBoxDef	定义一个方形的监控空间
WZCylDef	定义一个圆柱形的监控空间
WZSphDef	定义一个球形的监控空间
WZHomejointDef	定义一个关节轴坐标的监控空间
WZLimjointDef	定义一个限定为不可进入的关节轴坐标监控空间
WZLimsup	激活一个监控空间并限定为不可进入
WZDOSet	激活一个监控空间并与一个输出信号关联
WZEnable	激活一个临时的监控空间
WZFree	关闭一个临时的监控空间

注：表中这些功能需要选项"world zones"配合。

（四）运动控制

1. 机器人运动控制（表 1-3-18）

表 1-3-18　机器人运动控制

指令	说明
MoveC	TCP 圆弧运动
MoveJ	关节运动
MoveL	TCP 线性运动
MoveAbsJ	轴绝对角度位置运动
MoveExtJ	外部直线轴和旋转轴运动
MoveCDO	TCP 圆弧运动的同时触发一个输出信号
MoveJDO	关节运动的同时触发一个输出信号
MoveLDO	TCP 线性运动的同时触发一个输出信号
MoveCSync	TCP 圆弧运动的同时执行一个例行程序
MoveJSync	关节运动的同时执行一个例行程序
MoveLSync	TCP 线性运动的同时执行一个例行程序

2. 搜索功能（表 1-3-19）

表 1-3-19　搜索功能

指令	说明
SearchC	TCP 圆弧搜索运动
SCarchL	TCP 线性搜索运动
SearchExtJ	外轴搜索运动

3. 指定位置触发信号与中断功能（表 1-3-20）

表 1-3-20　指定位置触发信号与中断功能

指令	说明
TriggIO	定义触发条件在一个指定的位置触发输出信号
TriggInt	定义触发条件在一个指定的位置触发中断程序
TriggCheckIO	定义一个指定的位置进行 I/O 状态的检查
TrjggEquip	定义触发条件在一个指定的位置触发输出信号，并对信号响应的延迟进行补偿设定
TriggRampAO	定义触发条件在一个指定的位置触发模拟输出信号，并对信号响应的延迟进行补偿设定
TriggC	带触发事件的圆弧运动
TriggJ	带触发事件的关节运动
TriggL	带触发事件的线性运动
TriggLIOs	在一个指定的位置触发输出信号的线性运动
StepBwdPath	在 RESTART 的事件程序中进行路径的返回
TriggStopProc	在系统中创建一个监控处理，用于在 STOP 和 QSTOP 中需要信号复位和程序数据复位的操作
TriggSpeed	定义模拟输出信号与实际 TCP 速度之间的配合

4. 出错或中断时的运动控制（表 1-3-21）

表 1-3-21　出错或中断时的运动控制

指令	说明
StopMove	停止机器人运动
StartMove	重新启动机器人运动
StartMoveRetry	重新启动机器人运动及相关的参数设定
StopMoveReset	对停止运动状态复位，但不重新启动机器人运动
StorePath*	储存已生成的最近路径
RestoPath*	重新生成之前储存的路径
ClearPath	在当前的运动路径级别中，清空整个运动路径
PathLevel	获取当前路径级别
SyncMoveSuspend*	在 StorePath 的路径级别中暂停同步坐标的运动
SyncMoveResume*	在 StorePath 的路径级别中重返同步坐标的运动
IsStopMoveAct	获取当前停止运动标志符

"*"这些功能需要选项"Path recovery"配合。

5. 外轴的控制（表 1-3-22）

表 1-3-22　外轴的控制

指令	说明
DeactUnit	关闭一个外轴单元
ActUnit	激活一个外轴单元
MechUnitLoad	定义外轴单元的有效载荷
GetNextMechUnit	检索外轴单元在机器人系统中的名字
IsMechUnitActive	检查外轴单元状态是激活/关闭

6. 独立轴控制（表 1-3-23）

表 1-3-23　独立轴控制

指令	说明
IndAMove	将一个轴设定为独立轴模式并进行绝对位置方式运动
IndCMove	将一个轴设定为独立轴模式并进行连续方式运动
IndDMove	将一个轴设定为独立轴模式并进行角度方式运动
IndRMove	将一个轴设定为独立轴模式并进行相对位置方式运动
IndReset	取消独立轴模式
IndInpos	检查独立轴是否已到达指定位置
Indspeed	检查独立轴是否已到达指定的速度

注：表中这些功能需要选项"Independent movement"配合。

7. 路径修正功能（表 1-3-24）

表 1-3-24　路径修正功能

指令	说明
CorrCon	连接一个路径修正生成器
Corrwrite	将路径坐标系统中的修正值写到修正生成器
CorrDiscon	断开一个已连接的路径修正生成器
CorrClear	取消所有已连接的路径修正生成器
CorfRead	读取所有已连接的路径修正生成器的总修正值

注：表中这些功能需要选项"Path offset or RobotWare-Arc sensor"配合。

8. 路径记录功能（表 1-3-25）

表 1-3-25　路径记录功能

指令	说明
PathRecStart	开始记录机器人的路径
PathRecstop	停止记录机器人的路径
PathRecMoveBwd	机器人根据记录的路径作后退运动
PathRecMoveFwd	机器人运动到执行 PathRecMoveFwd 这个指令的位置上
PathRecValidBwd	检查是否已激活路径记录和是否有可后退的路径
PathRecValidFwd	检查是否有可向前的记录路径

注：表中这些功能需要选项"Path recovery"配合。

9. 输送链跟踪功能（表 1-3-26）

表 1-3-26　输送链跟踪功能

指令	说明
WaitWObj	等待输送链上的工件坐标
DropWObj	放弃输送链上的工件坐标

注：表中这些功能需要选项"Conveyor tracking"配合。

10. 传感器同步功能（表 1-3-27）

表 1-3-27　传感器同步功能

指令	说明
WaitSensor	将在开始窗口的对象与传感器设备关联起来
SyncToSensor	开始／停止机器人与传感器设备的运动同步
DropSensor	断开当前对象的连接

注：表中这些功能要选项"Sensor synchronization"配合。

11. 有效载荷与碰撞检测（表 1-3-28）

表 1-3-28　有效载荷与碰撞检测

指令	说明
MotlonSup	激活／关闭运动监控
LoadId*	工具或有效载荷的识别
ManLoadId	外轴有效载荷的识别

*此功能需要选项"collision detection"配合。

12. 关于位置的功能（表 1-3-29）

表 1-3-29　关于位置的功能

指令	说明
Offs	对机器人位置进行偏移
RelTool	对工具的位程和姿态进行偏移
Ca1cRobT	从 jointtarget 计算出 robtarget
Cpos	读取机器人当前的 X、Y、Z
CRobT	读取机器人当前的 robtarget
CJointT	读取机器人当前的关节轴角度
ReadMotor	读取轴电动机当前的角度
CTool	读取工具坐标当前的数据
CWObj	读取工件坐标当前的数据
MirPos	镜像一个位置
CalcJointT	从 robtarget 计算出 jointtarget
Distance	计算两个位置的距离
PFRestart	检测当路径因电源关闭而中断的时间
CSpeedOverride	读取当前使用的速度倍率

（五）输入/输出信号的处理

机器人可以在程序中对输入/输出信号进行读取与赋值，以实现程序控制的需要。

1. 对输入/输出信号的值进行设定（表 1-3-30）

表 1-3-30　对输入/输出信号的值进行设定

指令	说明
InvertDO	对一个数字输出信号的值置取反
PulseDO	数字输出信号脉冲输出
Reset	将数字输出信号置为 0
Set	将数字输出信号置为 1
SetAO	设定模拟输出信号的值
SetDO	设定数字输出信号的值
SetGO	设定组输出信号的值

2. 读取输入/输出信号值（表 1-3-31）

表 1-3-31　读取输入/输出信号值

指令	说明
AOutput	读取模拟输出信号的当前值
DOutput	读取数字输出信号的当前值
Goutput	读取组输出信号的当前值
TestDI	检查一个数字输入信号已置 1
ValidIO	检查 I/O 信号是否有效
WaitDI	等待一个数字输入信号的指定状态
WaitDO	等待一个数字输出信号的指定状态
WaitGI	等待一个组输入信号的指定值
WaitGO	等待一个组输出信号的指定值
WaitAI	等待一个模拟输入信号的指定值
WaitAO	等待一个模拟输出信号的指定值

3. I/O 模块的控制（表 1-3-32）

表 1-3-32　I/O 模块的控制

指令	说明
IODisable	关闭一个 I/O 模块
IOEnable	开启一个 I/O 模块

（六）通信功能

1. 示教器上人机界面的功能（表 1-3-33）

表 1-3-33　示教器上人机界面的功能

指令	说明
IPErase	清屏
TPWrite	在示教器操作界面写信息
ErrWrite	在示教器事件日记中写报警信息并储存
TPReadFK	互动的功能键操作
TPReadNum	互动的数字键盘操作
TPShow	通过 RAPID 程序打开指定的窗口

2. 通过串口进行读写（表 1-3-34）

表 1-3-34　通过串口进行读写

指令	说明
Open	打开串口
Write	对串口进行写文本操作
Close	关闭串口

续表

指令	说明
WriteBin	写一个二进制数的操作
WriteAnyBin	写任意二进制数的操作
WriteStrBin	写字符的操作
Rewind	设定文件开始的位置
ClearIOBuff	清空串口的输入缓冲
ReadAnyBin	从串口读取任意的二进制数
ReadNum	读取数字量
Readstr	读取字符串
ReadBin	从二进制串口读取数据
ReadStrBin	从二进制串口读取字符串

3. Sockets 通信（表 1-3-35）

表 1-3-35　Sockets 通信

指令	说明
SocketCreate	创建新的 socket
SocketConnect	连接远程计算机
Socketsend	发送数据到远程计算机
SocketReceive	从远程计算机接收数据
SocketClose	关闭 socket
SocketGetStatus	获取当前 socket 状态

（七）中断程序

1. 中断设定（表 1-3-36）

表 1-3-36　中断设定

指令	说明
CONNECT	连接一个中断符号到中断程序
ISignalDI	使用一个数字输入信号触发中断
ISignalDO	使用一个数字输出信号触发中断
ISignalGI	使用一个组输入信号触发中断
ISignalGO	使用一个组输出信号触发中断
ISignalAI	使用一个模拟输入信号触发中断
ISignalAO	使用一个模拟输出信号触发中断
ITimer	计时中断
TriggInt	在一个指定的位置触发中断
IPers	使用一个可变量触发中断
IError	当一个错误发生时触发中断
IDelete	取消中断

2. 中断的控制（表 1-3-37）

表 1-3-37　中断的控制

指令	说明
ISleep	关闭一个中断
IWatch	激活一个中断
IDisable	关闭所有中断
IEnable	激活所有中断

（八）系统相关的指令

时间控制（表 1-3-38）

表 1-3-38　时间控制

指令	说明
ClkReset	计时器复位
ClkStrart	计时器开始计时
ClkStop	计时器停止计时
ClkRead	读取计时器数值
CDate	读取当前日期
CTime	读取当前时间
GetTime	读取当前时间为数字型数据

（九）数学运算

1. 简单运算（表 1-3-39）

表 1-3-39　简单运算

指令	说明
Clear	清空数值
Add	加或减操作
Incr	加 1 操作
Decr	减 1 操作

2. 算术功能（表 1-3-40）

表 1-3-40　算术功能

指令	说明
AbS	取绝对值
Round	四舍五入
Trunc	舍位操作

续表

指令	说明
Sqrt	计算二次根
Exp	计算指数值 e^x
Pow	计算指数值
ACos	计算圆弧余弦值
ASin	计算圆弧正弦值
ATan	计算圆弧正切值[-90，90]
ATan2	计算圆弧正切值[-180，180]
Cos	计算余弦值
Sin	计算正弦值
Tan	计算正切值
EulerZYX	从姿态计算欧拉角
OrientZYX	从欧拉角计算姿态

六、机器人末端执行器

机器人的末端执行器是一个安装在移动设备或者机器人手臂上，使其能够拿起一个对象，并且具有处理、传输、夹持、放置和释放对象到一个准确的离散位置等功能的机构。

机器人末端执行器上的夹持器的种类:工业机器人中应用的机械式夹持器多为双指头爪式，按其手指的运动可以分为平移型和回转型；按照夹持方式来分，可以分为外夹式和内撑式；本书是按照结构特性来进行分类的，可分为电动（电磁）式、液压式和气动式，以及它们的组合。

七、实训设备

实训使用的主要设备是六轴机器人，其单元结构如图 1-3-9 所示。

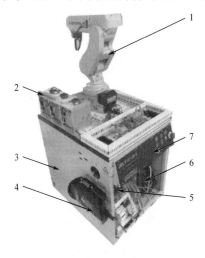

图 1-3-9　六轴机器人单元结构示意

1—六轴机器人；2—夹具库；3—桌体；4—机器人示教器；5—PLC；6—机器人控制器；7—控制面板

【任务实施】

八、六轴机器人装配手机

工作任务：设备启动后，按下送料按钮时，送料气缸伸出并将托盘运送至机器人工作端，同时推料气缸将手机底座推出，并定位在加盖平台上；机器人开始进行按键装配及手机盖装配并搬运，完毕后手机底座推料气缸缩回，进行二次送料准备。按键托盘可满足4组按键装配，待4次装配都完成后送料气缸缩回并进行托盘更换，进行下一组任务。

控制要求如下。

（1）初始位置

① 机器人处于收回安全状态；

② 夹具平稳、整齐地放入夹具库，电磁阀关闭。

（2）"单机"工作状态下按"启动"按钮，或者"联机"状态下主站给出"启动"信号，"启动"指示灯亮，系统进入运行状态，送料气缸伸出并将托盘运送至机器人工作端，同时推料气缸将手机底座推出并定位在加盖平台上；机器人开始进行按键装配及手机盖装配并搬运。

（3）在"单机"工作状态下按"停止"按钮，或者"联机"状态下主站给出"停止"信号，"停止"指示灯亮，系统进入停止状态，机器人停止装配和搬运，其他所有机构均停止动作，保持状态不变。

（4）在"单机"工作状态下按"复位"按钮，或者"联机"状态下主站给出"复位"信号，"复位"指示灯亮，系统进入复位状态，机器人复位，其他执行机构均恢复到初始位置。

（一）设计控制方框图

根据任务要求，以及PLC与工业机器人结构、组成方框图，设计如图1-3-10所示的控制原理方框图。

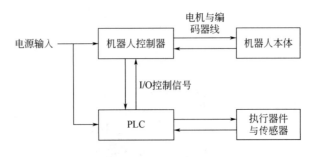

图1-3-10　控制原理方框图

（二）设计主电路电气原理图及PLC接线图

根据任务要求，设计如图1-3-11所示的主电路控制原理图及图1-3-12所示的PLC接线原理图。

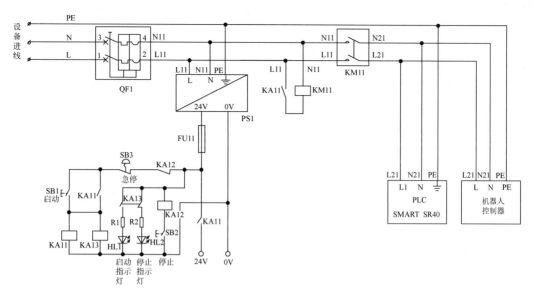

图 1-3-11 主电路控制原理图

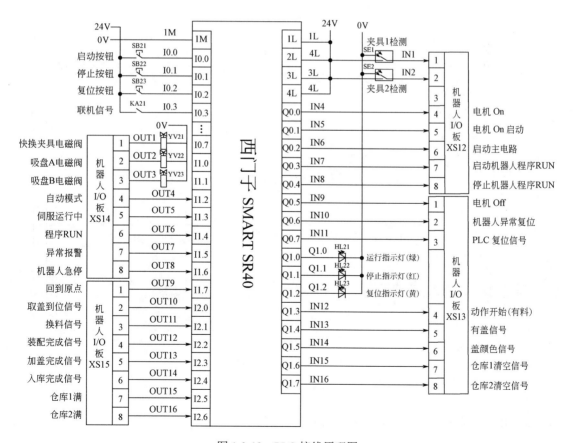

图 1-3-12 PLC 接线原理图

根据原理图完成六轴机器人单元的安装与接线。

（三）六轴机器人单元 PLC 程序设计与编写

（1）图 1-3-12 所示，编写 PLC 程序流程图，如图 1-3-13 所示。

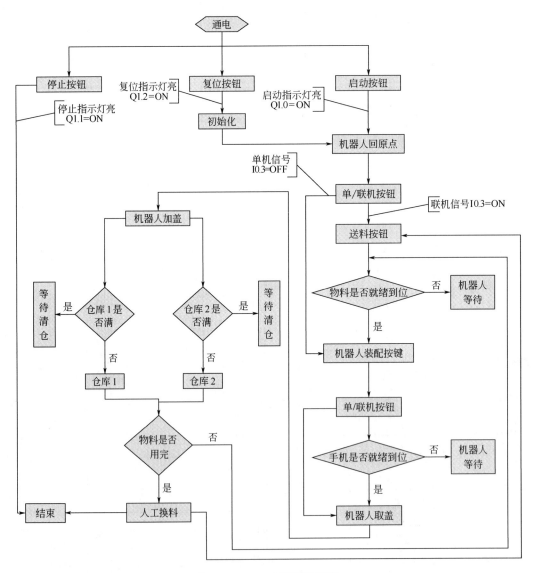

图 1-3-13　PLC 程序流程图

（2）根据 PLC 程序流程图，并参照如图 1-3-14 所示，编写 PLC 程序。

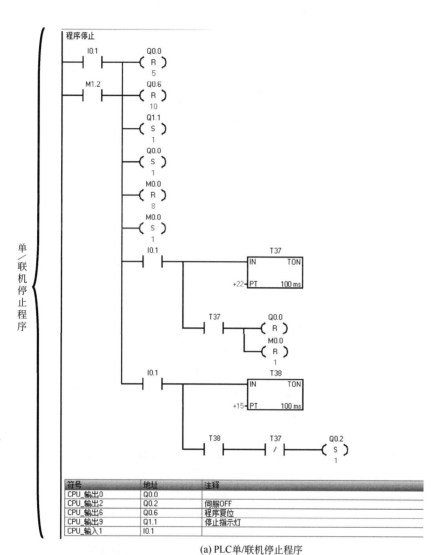

(a) PLC单/联机停止程序

图 1-3-14

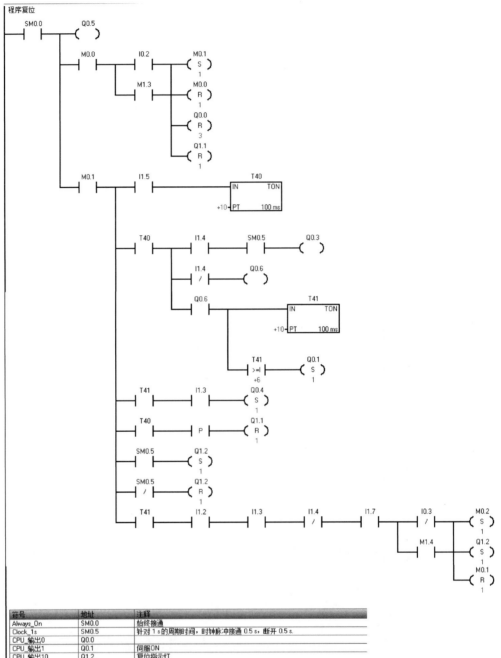

单/联机复位程序

(b) PLC单/联机复位程序

符号	地址	注释
Always_On	SM0.0	始终接通
Clock_1s	SM0.5	针对1 s的周期时间，时钟脉冲接通0.5 s，断开0.5 s。
CPU_输出0	Q0.0	
CPU_输出1	Q0.1	伺服ON
CPU_输出10	Q1.2	复位指示灯
CPU_输出3	Q0.3	异常复位
CPU_输出4	Q0.4	程序RUN
CPU_输出5	Q0.5	操作权申请
CPU_输出6	Q0.6	程序复位
CPU_输出9	Q1.1	停止指示灯
CPU_输入10	I1.2	运中START
CPU_输入11	I1.3	伺服ON
CPU_输入12	I1.4	异常报警
CPU_输入13	I1.5	操作权有效
CPU_输入15	I1.7	回到原点
CPU_输入2	I0.2	
CPU_输入3	I0.3	

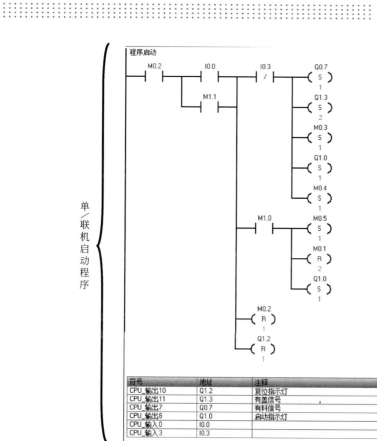

符号	地址	注释
CPU_输出10	Q1.2	复位指示灯
CPU_输出11	Q1.3	有盖信号
CPU_输出7	Q0.7	有料信号
CPU_输出8	Q1.0	启动指示灯
CPU_输入0	I0.0	
CPU_输入3	I0.3	

(c) PLC单/联机启动程序

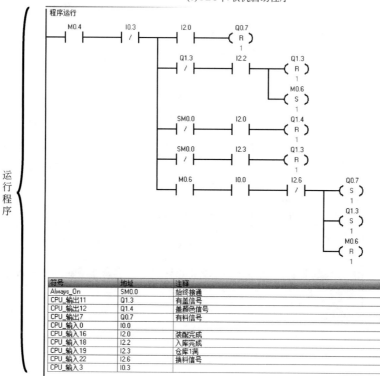

符号	地址	注释
Always_On	SM0.0	始终接通
CPU_输出11	Q1.3	有盖信号
CPU_输出12	Q1.4	盖颜色信号
CPU_输出7	Q0.7	有料信号
CPU_输入0	I0.0	
CPU_输入16	I2.0	装配完成
CPU_输入18	I2.2	入库完成
CPU_输入19	I2.3	仓库1满
CPU_输入22	I2.6	换料信号
CPU_输入3	I0.3	

(d) PLC运行程序

图 1-3-14

通
信
信
号
传
送
程
序

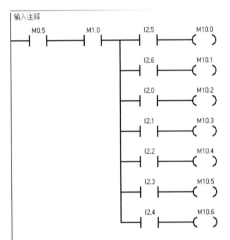

输入注释

符号	地址	注释
CPU_输入16	I2.0	装配完成
CPU_输入17	I2.1	加盖完成
CPU_输入18	I2.2	入库完成
CPU_输入19	I2.3	仓库1满
CPU_输入20	I2.4	仓库2满
CPU_输入21	I2.5	取盖到位信号
CPU_输入22	I2.6	换料信号

输入注释

符号	地址	注释
CPU_输出11	Q1.3	有盖信号
CPU_输出12	Q1.4	盖颜色信号
CPU_输出14	Q1.6	仓库1清空信号
CPU_输出15	Q1.7	仓库2清空信号
CPU_输出7	Q0.7	有料信号

(e) PLC通信信号传送程序

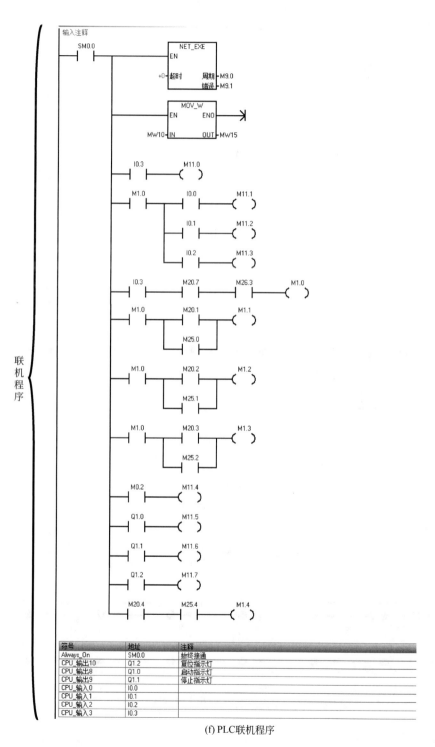

(f) PLC联机程序

图 1-3-14　PLC 程序

（3）PLC 程序编写完成后，设计机器人程序。

规划机器人运行轨迹并绘制机器人运行轨迹图。

① 六轴机器人取放夹具运行轨迹及路径如图 1-3-15 所示。

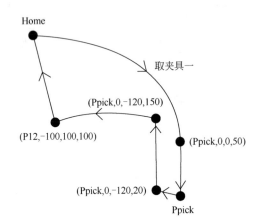

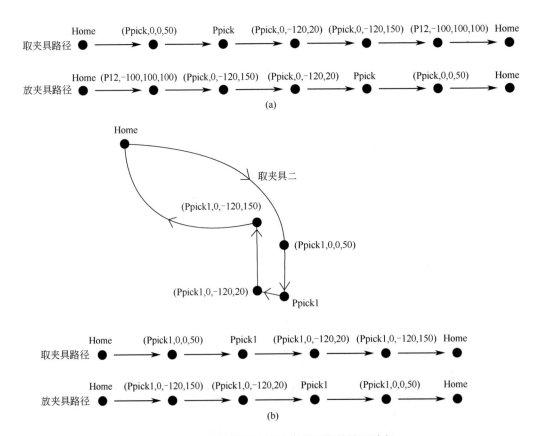

图 1-3-15　六轴机器人取放夹具运行轨迹及路径

② 设计机器人手机按键装配的运行轨迹及路径，如图 1-3-16 所示（仅供参考）。

③ 设计机器人手机加盖并搬运的运行轨迹及路径，如图 1-3-17、图 1-3-18 所示（仅供参考）。

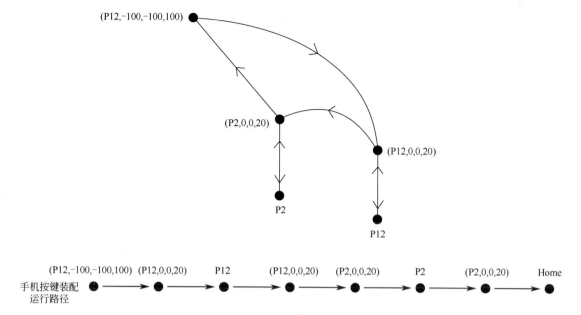

图 1-3-16 机器人手机按键装配的运行轨迹及路径

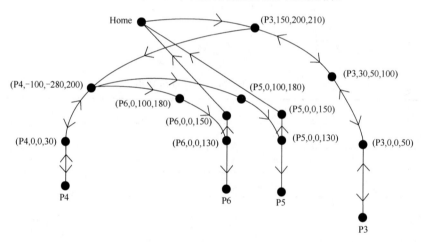

图 1-3-17 机器人手机加盖并搬运的运行轨迹

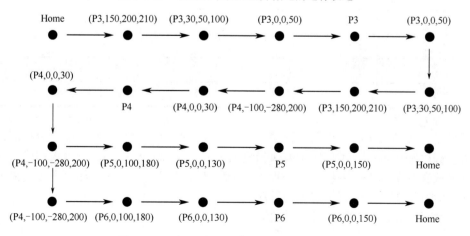

图 1-3-18 机器人手机加盖及搬运的运行路径

④ 机器人运动路线参考点分布如图 1-3-19 所示。

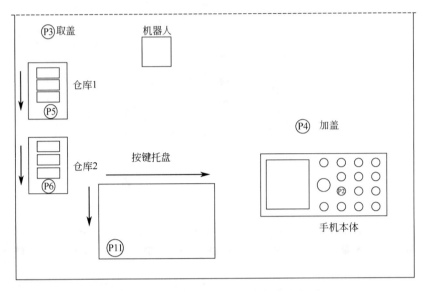

图 1-3-19   机器人运动路线参考点分布图

⑤ 机器人运动的示教点如表 1-3-41 所示（仅供参考）。

表 1-3-41   机器人运动示教点

序号	示教点	说明
1	Home	机器人初始位置
2	Ppick	取吸盘夹具点
3	Ppick1	取平行夹具点
4	P11	托盘按键取料点
5	P12=P11	托盘按键取料点
6	P2	手机按键放置点
7	P3	手机取盖点
8	P4	手机加盖点
9	P5	手机仓库放置点一
10	P6	手机仓库放置点二

　　根据机器人运动轨迹编写机器人程序。首先根据控制要求绘制机器人程序流程图，然后编写机器人主程序和子程序。子程序主要包括机器人回定义原点子程序、机器人程序初始化子程序、取夹具放夹具子程序、手机装配子程序、手机加盖及搬运子程序。编写子程序前要先设计好机器人的运行轨迹及定义好机器人的程序点。

　　① 绘制机器人程序流程，如图 1-3-20 所示。

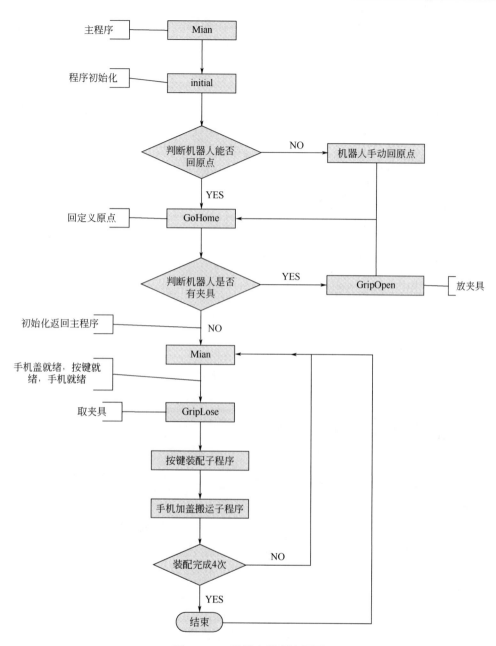

图 1-3-20 机器人程序流程图

② 机器人主程序的编写（仅供参考）。

```
PROC main()
    DateInit;
    rHome;
    WHILE TRUE DO
        TPWrite "Wait Start……";
        WHILE DI10_12=0 DO
        ENDWHILE
        TPWrite "Running: Start.";
```

```
            RESET DO10_9;
            Gripper1;
            assemble;
            placeGripper1;
            j:=j+1;
            IF j>=2 THEN                    //判断 AA
                j:=0;
                i:=i+1;
            ENDIF
            Gripper3;
            SealedByhandling;
            placeGripper3;
            ncount:=ncount+1;
            IF ncount>=4 THEN
                ncount:=0;
                i:=0;
                j:=0;
            ENDIF
        ENDWHILE
    ENDPROC
```

③ 机器人初始化子程序的编写（仅供参考）。

```
PROC DateInit()
        P12:=p11;
        ncount:=0;
        mcount:=0;
        acount:=0;
        bcount:=0;
        i:=0;
        j:=0;
        RESET DO10_1;
        RESET DO10_2;
        RESET DO10_3;
        RESET DO10_9;
        RESET DO10_10;
        RESET DO10_11;
        RESET DO10_12;
        RESET DO10_13;
        RESET DO10_14;
        RESET DO10_15;
        RESET DO10_16;
    ENDPROC
```

④ 机器人回原点子程序的编写（仅供参考）。

```
PROC rHome()
        VAR Jointtarget joints;
        joints:=CJointT();
        joints.robax.rax_2:=-23;
        joints.robax.rax_3:=32;
        joints.robax.rax_4:=0;
        joints.robax.rax_5:=81;
        MoveAbsJ joints\NoEOffs,v40,z100,tool0;
        MoveJ Home,v100,z100,tool0;
        IF DI10_1=1 AND DI10_3=1 THEN
            TPWrite "Running: Stop!";
            Stop;
        ENDIF
        IF DI10_1=1 AND DI10_3=0 THEN
            placeGripper1;
        ENDIF
        IF DI10_3=1 AND DI10_1=0 THEN
            placeGripper3;
        ENDIF
        MoveJ Home,v200,z100,tool0;
        Set DO10_9;
        TPWrite "Running: Reset complete!";
    ENDPROC
```

⑤ 机器人取夹具、放夹具子程序的编写（仅供参考）。

```
PROC Gripper1()
        MoveJ Offs(ppick,0,0,50),v200,z60,tool0;
        Set DO10_1;
        MoveL Offs(ppick,0,0,0),v40,fine,tool0;
        Reset DO10_1;
        WaitTime 1;
        MoveL Offs(ppick,-3,-120,20),v50,z100,tool0;
        MoveL Offs(ppick,-3,-120,150),v100,z60,tool0;
    ENDPROC

PROC placeGripper1()
        MoveJ Offs(ppick,-2.5,-120,200),v200,z100,tool0;
        MoveL Offs(ppick,-2.5,-120,20),v100,z100,tool0;
        MoveL Offs(ppick,0,0,0),v40,fine,tool0;
        Set DO10_1;
        WaitTime 1;
        MoveL Offs(ppick,0,0,40),v30,z100,tool0;
        MoveL Offs(ppick,0,0,50),v60,z100,tool0;
```

```
        Reset DO10_1;
        IF DI10_12=0 THEN
            MoveJ Home,v200,z100,tool0;
        ENDIF
    ENDPROC
```

⑥ 机器人手机按键装配子程序的编写（仅供参考）。

```
PROC assemble()
        P12:=p11;
        P12:=Offs(p12,12*i,12*j,0);
        MoveJ Offs(p12,-100,100,100),v150,z100,tool0;
        MoveJ Offs(p12,0,0,20),v200,z100,tool0;
        MoveL Offs(p12,0,0,0),v40,fine,tool0;
        Set DO10_2;
        Set DO10_3;
        WaitTime 0.2;
        MoveL Offs(p12,0,0,20),v40,z100,tool0;
        MoveJ p1,v200,z100,tool0;
        MoveJ Offs(p2,0,0,20),v200,z100,tool0;
        MoveL Offs(p2,0,0,0),v40,fine,tool0;
        RESet DO10_3;
        WaitTime 0.1;
        MoveL Offs(p2,0,0,20),v100,z100,tool0;
        MoveJ Offs(p2,-18,0,20),v100,z100,tool0;
        MoveL Offs(p2,-18,0,0),v40,fine,tool0;
        RESet DO10_2;
        WaitTime 0.1;
        MoveL Offs(p2,-18,0,20),v100,z100,tool0;
        MoveJ p1,v200,z100,tool0;
        MoveJ Offs(p12,0,60,20),v200,z100,tool0;
        MoveL Offs(p12,0,60,0),v40,fine,tool0;
        Set DO10_2;
        Set DO10_3;
        WaitTime 0.2;
        MoveL Offs(p12,0,60,20),v40,z100,tool0;
        MoveJ p1,v200,z100,tool0;
        MoveJ Offs(p2,-42,0,20),v200,z100,tool0;
        MoveL Offs(p2,-42,0,0),v40,fine,tool0;
        RESet DO10_2;
        WaitTime 0.1;
        MoveL Offs(p2,-42,0,20),v100,z100,tool0;
        MoveJ Offs(p2,-24,0,20),v100,z100,tool0;
        MoveL Offs(p2,-24,0,0),v40,fine,tool0;
```

```
RESet DO10_3;
WaitTime 0.1;
MoveL Offs(p2,-24,0,20),v100,z100,tool0;
MoveJ p1,v200,z100,tool0;
MoveJ Offs(p12,30,0,20),v200,z100,tool0;
MoveL Offs(p12,30,0,0),v40,fine,tool0;
Set DO10_2;
Set DO10_3;
WaitTime 0.2;
MoveL Offs(p12,30,0,20),v40,z100,tool0;
MoveJ p1,v200,z100,tool0;
MoveJ Offs(p2,0,12,20),v200,z100,tool0;
MoveL Offs(p2,0,12,0),v40,fine,tool0;
RESet DO10_3;
WaitTime 0.1;
MoveL Offs(p2,0,12,20),v100,z100,tool0;
MoveJ Offs(p2,-18,12,20),v100,z100,tool0;
MoveL Offs(p2,-18,12,0),v40,fine,tool0;
RESet DO10_2;
WaitTime 0.1;
MoveL Offs(p2,-18,12,20),v100,z100,tool0;
MoveJ p1,v200,z100,tool0;
MoveJ Offs(p12,30,60,20),v200,z100,tool0;
MoveL Offs(p12,30,60,0),v40,fine,tool0;
Set DO10_2;
Set DO10_3;
WaitTime 0.2;
MoveL Offs(p12,30,60,20),v40,z100,tool0;
MoveJ p1,v200,z100,tool0;
MoveJ Offs(p2,-42,12,20),v200,z100,tool0;
MoveL Offs(p2,-42,12,0),v40,fine,tool0;
RESet DO10_2;
WaitTime 0.1;
MoveL Offs(p2,-42,12,20),v100,z100,tool0;
MoveJ Offs(p2,-24,12,20),v100,z100,tool0;
MoveL Offs(p2,-24,12,0),v40,fine,tool0;
RESet DO10_3;
WaitTime 0.1;
MoveL Offs(p2,-24,12,20),v100,fine,tool0;
MoveJ p1,v200,z100,tool0;
MoveJ Offs(p12,60,0,20),v200,z100,tool0;
MoveL Offs(p12,60,0,0),v40,fine,tool0;
```

```
Set DO10_2;
Set DO10_3;
WaitTime 0.2;
MoveL Offs(p12,60,0,20),v200,z100,tool0;
MoveJ p1,v200,z100,tool0;
MoveJ Offs(p2,0,24,20),v200,z100,tool0;
MoveL Offs(p2,0,24,0),v40,fine,tool0;
RESet DO10_3;
WaitTime 0.1;
MoveL Offs(p2,0,24,20),v100,z100,tool0;
MoveJ Offs(p2,-18,24,20),v100,z100,tool0;
MoveL Offs(p2,-18,24,0),v40,fine,tool0;
RESet DO10_2;
WaitTime 0.1;
MoveL Offs(p2,-18,24,20),v100,z100,tool0;
MoveJ p1,v200,z100,tool0;
MoveL Offs(p12,60,60,20),v200,z100,tool0;
MoveL Offs(p12,60,60,0),v40,fine,tool0;
Set DO10_2;
WaitTime 0.2;
MoveL Offs(p12,60,60,20),v40,z100,tool0;
MoveJ p1,v200,z100,tool0;
MoveJ Offs(p2,-42,24,20),v200,z100,tool0;
MoveL Offs(p2,-42,24,0),v40,fine,tool0;
RESet DO10_2;
WaitTime 0.1;
MoveL Offs(p2,-42,24,20),v100,z100,tool0;
MoveJ p1,v200,z100,tool0;
MoveJ Offs(p12,90,0,20),v200,z100,tool0;
MoveL Offs(p12,90,0,0),v40,fine,tool0;
Set DO10_2;
Set DO10_3;
WaitTime 0.2;
MoveL Offs(p12,90,0,20),v40,z100,tool0;
MoveJ p1,v200,z100,tool0;
MoveJ Offs(p2,-54,24,20),v200,z100,tool0;
MoveL Offs(p2,-54,24,0),v40,fine,tool0;
RESet DO10_2;
WaitTime 0.1;
MoveL Offs(p2,-54,24,20),v100,z100,tool0;
MoveJ Offs(p2,12,-15,20),v100,z100,tool0;
```

```
    MoveL Offs(p2,12,-15,0),v40,fine,tool0;
    RESet DO10_3;
    WaitTime 0.1;
    MoveL Offs(p2,12,-15,20),v100,z100,tool0;
    MoveJ p1,v200,z100,tool0;
    MoveJ Offs(p12,90,60,20),v200,z100,tool0;
    MoveL Offs(p12,90,60,0),v40,fine,tool0;
    Set DO10_2;
    WaitTime 0.2;
    MoveL Offs(p12,90,60,20),v200,z100,tool0;
    MoveJ p1,v200,z100,tool0;
    MoveJ Offs(p2,-53,-14,20),v200,z100,tool0;
    MoveL Offs(p2,-53,-14,0),v40,fine,tool0;
    RESet DO10_2;
    WaitTime 0.1;
    MoveL Offs(p2,-53,-14,20),v100,z100,tool0;
    MoveJ p1,v200,z100,tool0;
    MoveJ Offs(p12,77+6*i,90+6*j,20),v200,z100,tool0;
    MoveL Offs(p12,77+6*i,90+6*j,0),v40,fine,tool0;
    Set DO10_2;
    WaitTime 0.2;
    MoveL Offs(p12,77+6*i,90+6*j,20),v40,z100,tool0;
    MoveJ p1,v200,z60,tool0;
    MoveJ Offs(p2,-34,-11.5,20),v200,z100,tool0;
    MoveL Offs(p2,-34,-11.5,0),v40,fine,tool0;
    RESet DO10_2;
    WaitTime 0.1;
    MoveL Offs(p2,-34,-11.5,20),v100,z100,tool0;
    SET DO10_12;
    IF DI10_12=0 THEN
        MoveJ Home,v200,fine,tool0;
    ENDIF
    IF ncount=3 THEN
        SET DO10_11;
    ENDIF
    MoveJ Offs(ppick,-3,-100,220),v150,z100,tool0;
    RESET DO10_12;
    RESET DO10_11;
ENDPROC
```

⑦ 六轴机器人加盖子程序流程图，如图 1-3-21 所示。

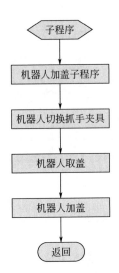

图 1-3-21 六轴机器人加盖子程序流程图

⑧ 编写机器人取平行夹具子程序（仅供参考）。

```
PROC Gripper3()
        MoveJ Offs(ppick1,0,0,50),v200,z60,tool0;
        Set DO10_1;
        MoveL Offs(ppick1,0,0,0),v40,fine,tool0;
        Reset DO10_1;
        WaitTime 1;
        MoveL Offs(ppick1,-3,-120,30),v50,z100,tool0;
        MoveL Offs(ppick1,-3,-120,150),v100,z60,tool0;
    ENDPROC
```

⑨ 编写机器人加盖搬运子程序（仅供参考）。

```
PROC SealedByhandling()
        MoveJ Home,v200,z100,tool0;
        MoveJ Offs(p3,150,200,210),v200,z100,tool0;
        MoveJ Offs(p3,30,50,100),v150,z100,tool0;
        MoveJ Offs(p3,0,0,50),v100,z100,tool0;
        RESET DO10_3;
        Set DO10_2;
        WHILE DI10_13=0 DO
        ENDWHILE
        MoveL Offs(p3,0,0,0),v50,fine,tool0;
        Set DO10_3;
        RESET DO10_2;
        WaitTime 0.7;
        Set DO10_10;
        WaitTime 0.8;
        MoveL Offs(p3,0,0,50),v50,z100,tool0;
```

```
MoveJ Offs(p3,30,50,100),v100,z100,tool0;
MoveJ Offs(p3,150,200,210),v150,z100,tool0;
RESET DO10_10;
MoveJ Offs(p4,-100,-280,200),v200,z100,tool0;
MoveL Offs(p4,0,0,30),v150,z100,tool0;
MoveL Offs(p4,0,0,0),v50,fine,tool0;
WaitTime 0.7;
Set DO10_13;
WaitTime 0.8;
MoveL Offs(p4,0,0,30),v50,z100,tool0;
MoveL Offs(p4,-100,-280,200),v150,z100,tool0;
RESET DO10_13;
IF (mcount<2 or mcount>=4) and mcount<6 THEN
    WHILE DI10_15=1 DO
    ENDWHILE
    MoveJ Offs(p5,0,100,180),v200,z100,tool0;
    MoveJ Offs(p5,0,0,130),v200,z100,tool0;
    MoveL Offs(p5,0,0,acount*20),v50,fine,tool0;
    RESET DO10_3;
    Set DO10_2;
    WaitTime 0.3;
    Set DO10_14;
    MoveL Offs(p5,0,0,150),v100,z100,tool0;
    acount:=acount+1;
    IF acount=4 THEN
        Set DO10_15;
    ENDIF
    MoveJ Home,v200,fine,tool0;
ELSE
    WHILE DI10_16=1 DO
    ENDWHILE
    MoveJ Offs(p6,0,100,180),v200,z100,tool0;
    MoveJ Offs(p6,0,0,130),v200,z100,tool0;
    MoveL Offs(p6,0,0,bcount*20),v50,fine,tool0;
    RESET DO10_3;
    Set DO10_2;
    WaitTime 0.3;
    Set DO10_14;
    MoveL Offs(p6,0,0,150),v100,z100,tool0;
    bcount:=bcount+1;
    IF bcount=4 THEN
```

```
            Set DO10_16;
        ENDIF
        MoveJ Home,v200,z100,tool0;
    ENDIF
    mcount:=mcount+1;
    IF mcount>=8 THEN
        mcount:=0;
        acount:=0;
        bcount:=0;
    ENDIF
    RESET DO10_14;
    RESET DO10_2;
ENDPROC
```

⑩ 编写机器人放平行夹具子程序（仅供参考）。

```
PROC placeGripper3()
    MoveJ Offs(ppick1,-3,-120,220),v200,z100,tool0;
    MoveL Offs(ppick1,-3,-120,20),v100,z100,tool0;
    MoveL Offs(ppick1,0,0,0),v60,fine,tool0;
    Set DO10_1;
    WaitTime 1;
    MoveL Offs(ppick1,0,0,40),v30,z100,tool0;
    MoveL Offs(ppick1,0,0,50),v60,z100,tool0;
    Reset DO10_1;
ENDPROC
```

（4）六轴机器人与夹具库的具体安装方法。

步骤 1：将模型桌体固定好底部的四个脚杯，使桌体在机器人安装时不摇晃，以防人员受伤及机构受损，如图 1-3-22 所示。

步骤 2：将夹具库和夹具对着面板，用 6 个 M6×12 不锈钢内六角圆柱头螺钉，安装在模型桌体面上左侧，如图 1-3-23 所示。

图 1-3-22　桌体

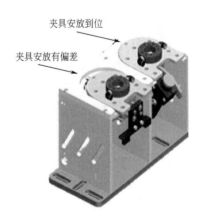

夹具安放到位

夹具安放有偏差

图 1-3-23　夹具库和夹具

步骤3：先将用钣金制成的机器人固定板，用12个M6×12不锈钢内六角圆柱头螺钉，通过安装孔位将其安装在模型桌体面上，再将机器人背对着面板牢固地安装在机器人的固定板上，安装后的整体效果如图1-3-24所示。

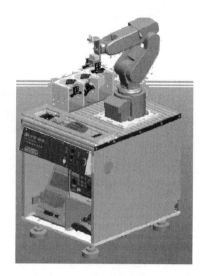

图1-3-24　整体效果图

九、设备调试

（一）调试前的准备工作

可以将系统输入/输出与I/O信号进行关联。

（1）系统输入：将数字输入信号与系统的控制信号关联起来，就可以对系统进行控制（例如，电机开启，程序启动等）。

（2）系统输出：系统的状态信号也可以与输出信号关联起来，将系统的状态信号输出给外围设备，作为控制之用。

（二）调试步骤

（1）通电前的检查。

① 观察机构上各元件外表是否有明显移位、松动或损坏等现象；输送带上是否放置了物料，如果存在以上现象，应及时调整、紧固或更换元件。

② 对照接口板端子分配表或接线图，检查桌面和挂板接线是否正确，尤其要检查24V电源、电气元件电源等连接线路是否有短路、断路现象。

（2）硬件的调试。

① 接通气路，打开气源，手动按电磁阀，确认各气缸及传感器的初始状态。

② 吸盘夹具的气管不能出现折痕，否则会导致吸盘不能吸取车窗，如图1-3-25所示。

③ 对槽形光电设备（EE-SX911-R）进行调试，如图1-3-26所示。各夹具安放到位后，槽形光电设备应无信号输出；当安放有偏差时，槽形光电设备有信号输出，如图1-3-27所示，应调节槽形光电设备位置，使其偏差小于1.0mm。

图1-3-25　吸盘安装错误

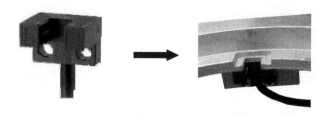

图1-3-26　槽形光电设备调试

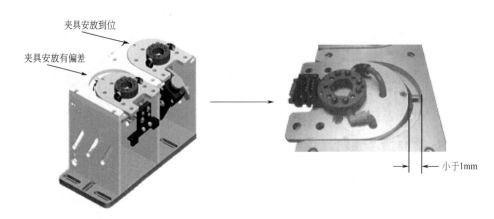

图 1-3-27　夹具安放有偏差

④ 节流阀的调节：打开气源，用小一字螺钉旋具对气动电磁阀的测试旋钮进行操作，如图 1-3-28 所示，调节气缸上的节流阀，使气缸动作顺畅、柔和。

⑤ 将机器人的控制器设为"自动"，单击示教器"确定"按钮。第一次试运行时，将机器人速度调至 30%及以下，当确保程序流程正常后可任意提高机器人速度。

（3）单机自动运行的操作方法。

① 按钮面板如图 1-3-29 所示。

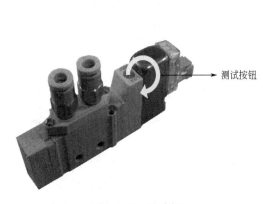

图 1-3-28　节流阀

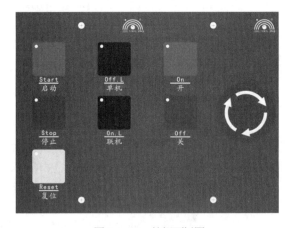

图 1-3-29　按钮面板图

② 在确保接线无误后，松开"急停"按钮，按下"开"按钮，设备通电。

③ 将 PLC 置"STOP"，机器人控制器置自动挡，调节机器人伺服速度（试运行需低速，正常运行可自行设定）。

④ 将 PLC 置"RUN"。

⑤ 按下"单机"按钮，指示灯点亮（设备默认为单机状态），再按下"复位"按钮，设备复位，复位指示灯点亮。

⑥ 复位成功后按"启动"按钮，启动指示灯亮，复位指示灯灭，设备开始运行。

⑦ 在设备运行过程中随时按下"停止"按钮，停止指示灯亮并且启动指示灯灭，设备停止运行。

⑧ 当设备运行过程中遇到紧急状况时，请迅速按下"急停"按钮，设备断电。

（4）联机自动运行的操作方法。

确认通信线路连接完好，在通电复位状态下，按下"联机"按钮，联机指示灯亮，单机指示灯灭，进入联机状态。

（5）自动流程的调试。

① 确认上料整列单元物料和加盖单元物料均按标识摆放。

② 各站置为联机状态，统一在上料整列单元执行"停止"-"复位"-"启动"等操作，设备正常启动后，按下"送料"按钮，整个系统开始联机运行。

③ 确认整个流程顺畅无误后，可自行提高机器人运行速度。

（6）故障查询，见表 1-3-42。

表 1-3-42　故障查询表

序号	故障现象	故障原因	解决方法
1	设备不能正常通电	电气件损坏	更换电气件
		线路接线脱落或错误	检查电路并重新接线
2	按钮板指示灯不亮	接线错误	检查电路并重新接线
		程序错误	修改程序
		指示灯损坏	更换
3	PLC 灯闪烁报警	程序出错	改进程序重新写入
4	PLC 提示"参数错误"	端口选择错误	选择正确的端口号和通信参数
		PLC 出错	执行"PLC 存储器清除"命令，直到灯灭为止
5	传感器对应的 PLC 输入点没输入	PLC 与传感器接线错误	检查电缆并重新连接
		传感器损坏	更换传感器
		PLC 输入点损坏	更换输入点
6	PLC 输出点没有动作	接线错误	按正确的方法重新接线
		相应器件损坏	更换器件
		PLC 输出点损坏	更换输出点
7	通电，机器人报警	机器人的安全信号没有连接	按照机器人接线图接线
8	机器人不能启动	机器人的运行程序未选择	在控制器的操作面板选择序名（第一次运行机器人时）
		机器人专用 I/O 没有设置	设置机器人专用 I/O（第一次运行机器人时）
		PLC 的输出端没有输出	监控 PLC 程序
		PLC 的输出端子损坏	更换其他端子
		线路错误或接触不良	检查电缆并重新连接
9	机器人启动就报警	原点数据没有设置	输入原点数据（第一次运行机器人时）
10	机器人运动过程中报警	机器人从当前点到下一个点不能直接移动过去	重新示教下一个点
		气缸节流阀锁死	松开节流阀
		机械结构卡死	调整结构件

项目二 汽车玻璃的涂胶及安装

目前工业机器人被广泛应用于汽车装配、汽车焊接及汽车玻璃安装等，汽车玻璃安装主要是通过机器人完成对汽车前后玻璃搬运并安装的过程。具体工作过程是：设备启动后，车窗托盘送料机构将需要装配的玻璃送入装配等待区，机器人自动选择涂胶夹具，到达汽车前后窗位置进行涂胶，涂胶后自动返回换吸盘和夹具，选择汽车前后玻璃窗进行定位涂胶，涂胶后搬运并完成一片的玻璃安装。在此任务中，机器人的主要用途是定位、涂胶、玻璃装配工作。

【能力目标】

① 能阐述搬运工作站的基本结构；
② 根据不同的搬运对象选择合适的工装夹具；
③ 进行 ABB 机器人 I/O 通信参数设置；
④ 设计机器人 I/O 口与外部连接电路图，并完成接线工作；
⑤ 使用 Offs、Set、Rest、WaitDI、WaitDO、WaitTime、WaitUntil 等指令，完成程序的编写并进行调试；
⑥ 能与团队内其他伙伴进行有效的配合与沟通，积极参与讨论、共同完成工作任务。

【教学建议】

① 采用工学结合一体化教学模式开展教学，建议学时：40～50 学时；
② 将整个集成项目分为若干个工作任务进行完成，以免工作任务过大，无法完成。

【项目描述】

某汽车自动生产线中，需要给汽车前后玻璃窗安装玻璃，请用一台工业机器人以及相关的配套设备、材料进行系统集成，完全满足生产的需求。

【项目实施】

因项目较大，控制较为复杂，因此将项目分解为三个工作任务，先进行单机安装和调试，然后进行联机统调。

任务一　　上料涂胶单元集成

【任务说明】

本站主要是将装有车窗托盘通过送料气缸精确运送入工作区；　同时对汽车车窗进行涂胶；

待机器人装配、涂胶完成后再如此循环。

【任务目标】

① 掌握上料涂胶单元的安装与接线方法；
② 掌握 D10B 光纤放大器示教调试方法；
③ 掌握上料涂胶单元程序编写；
④ 掌握上料涂胶单元系统设计与调试技术；

【认识设备】

上料涂胶单元结构如图 2-1-1 所示。

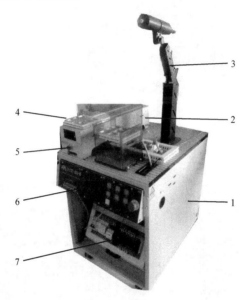

图 2-1-1 上料涂胶单元结构

1—桌体；2—安全送料机构；3—涂胶机；4—车窗托盘；5—送料按钮；6—操作面板；7—PLC

【控制要求】

①"单机"工作状态下按"启动"按钮，或者"联机"状态下，主站给出"启动"信号后，系统进入运行状态；"启动"指示灯亮，系统进入等待状态；按"送料"按钮后，车窗上料安全送料机构将汽车车窗送入工作区。待机器人装配、涂胶完成后再如此循环。

② 在"单机"工作状态下，按"停止"按钮，或者"联机"状态下主站给出"停止"信号，"停止"指示灯亮，系统进入停止状态，其他所有气动机构均保持状态不变。

③ 在"单机"工作状态下按"复位"按钮，或者"联机"状态下主站给出"复位"信号，"复位"指示灯亮，系统进入复位状态，所有执行机构均恢复到初始位置。

【任务准备】

① 了解 PLC 结构原理并掌握其基本应用；
② 掌握 PLC 基本指令与功能指令的运用；
③ 掌握传感器、节流阀、电磁阀的调试使用方法。

一、上料涂胶相关设备的安装与使用

1. 安装光纤传感器

D10BFP 型光纤传感器的感应范围为 0～10mm，要求在安装时确保能够准确感应到料盘的位置，并输出信号，如果需要调节光纤传感器，请参照 D10B 光纤放大器示教调试方法。

2. 安装磁性开关

磁性开关安装于无杆气缸的前限位或后限位，确保前后限位分别在气缸缩回和伸出时能够感应到，并输出信号，如图 2-1-2 所示为磁性开关安装在后限位。

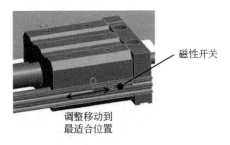

图 2-1-2   磁性开关安装

3. 调节节流阀

节流阀的作用是控制进出气体流量，调节节流阀可以使气缸动作顺畅、柔和，如图 2-1-3 所示。

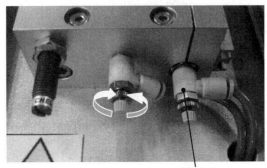

图 2-1-3   调节节流阀

4. 电磁阀的使用

接通气路，打开气源，按照图 2-1-4 所示操作，按下电磁阀的旋具，并压下回转锁定式按钮后可以锁定；将气动元件调节到最佳状态即可，并确认各气缸处于原始状态。

图 2-1-4   电磁阀锁定

5. 托盘的存放

托盘的存放区及安全操作区，如图 2-1-5 所示。

图 2-1-5 托盘存放

6. 车窗摆放及检查

车窗布满托盘时的整体效果，如图 2-1-6 所示。

图 2-1-6 车窗摆放效果图

7. 材料的准备

领取相关材料前请填写领料单（表 2-1-1）。

表 2-1-1　领料单

领料单						
项目名称			工作小组			
领料人			领料日期			
序号	材料名称	规格/型号	单位	申领数量	实发数量	备注
制单/领料：		审核：		批准：		发料员：

二、上料涂胶模型的安装与接线

1. 设备安装

上料涂胶模型由涂胶机构，上料机构，车窗托盘，储料机构组成，其安装步骤如下。

步骤 1：先将模型桌体固定好底部的四个脚杯，然后装上公共部分，如图 2-1-7 所示。

图 2-1-7　模型桌体

步骤 2：上料机构的基本构件如图 2-1-8 所示，先将基本构件通过安装孔位安装在桌面合适的位置，再将磁性开关的接插头和气管接好。安装后的上料机构如图 2-1-9 所示。

图 2-1-8 上料机构的基本构件

图 2-1-9 上料机构的安装

步骤 3：储料机构的基本构件如图 2-1-10 所示,先将储料机构的基本构件 A 和 B 按图 2-1-11 所示,将其用螺钉固定好,然后将 A 和 B 用螺钉固定在桌面的合适位置,安装后的效果如图 2-1-12 所示。

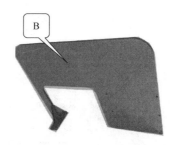

图 2-1-10 储料机构的基本构件

图 2-1-11 储料机构的安装

图 2-1-12 储料机构拼装效果图

步骤 4：涂胶机构的安装。将如图 2-1-13 所示的涂胶机构,通过安装孔位安装在桌面的合适位置,安装好后的效果如图 2-1-14 所示。

步骤 5：胶枪的基本构件如图 2-1-15 所示,首先将 B 装在 A 上,拧上螺钉但不拧紧；其次将 C 套在 B 里面（注意方向）,拧紧 B 上的螺钉,将 C 固定在 A 上,然后将 A 与 D 的平整面用螺钉固定,安装好后如图 2-1-16 所示。最后如图 2-1-16 所示用螺钉通过安装孔位固定在桌面合适位置,再将线和气管接好。安装后的效果如图 2-1-17 所示。

图 2-1-13　涂胶机构

图 2-1-14　涂胶机构装机效果图

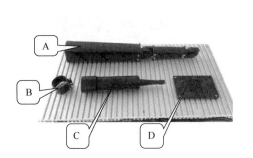

图 2-1-15　胶枪的基本构件

图 2-1-16　胶枪的安装

图 2-1-17　胶枪装机效果

2. 送料模型主电路的接线（图 2-1-18）

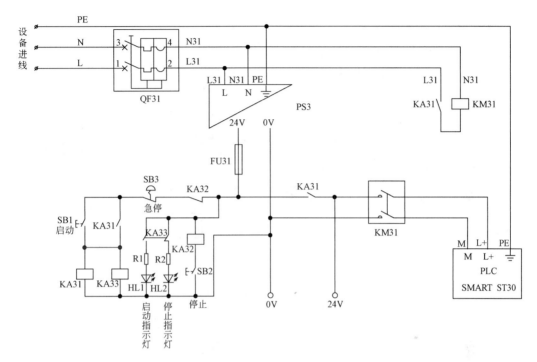

图 2-1-18 送料模型主电路的接线

三、PLC 程序设计与编程

1. 设计控制功能框图

根据任务要求，设计如图 2-1-19 所示的控制功能方框图。

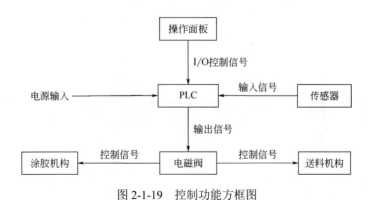

图 2-1-19 控制功能方框图

2. 设计 I/O 原理图

根据任务要求，设计如图 2-1-20 所示的 I/O 原理图。

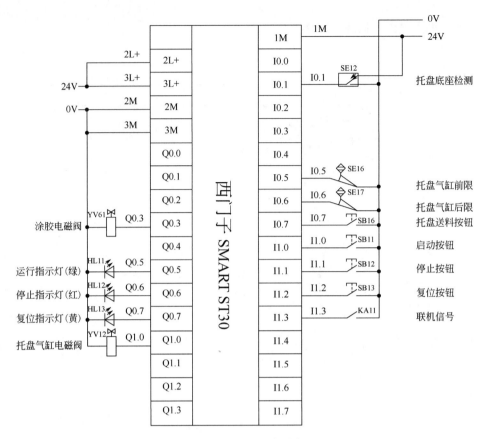

图 2-1-20 I/O 原理图

3. 设备安装与接线

根据上料涂胶单元原理图，以及挂板接口板和桌面接口板端子分配，完成设备的安装与接线。

（1）上料涂胶单元桌面接口板端子分配如表 2-1-2 所示。

表 2-1-2 上料涂胶单元桌面接口板端子分配表

端子号	端子名称	功能描述
2	托盘检测	托盘检测传感器信号线
6	送料气缸前限	推料气缸前限信号线
7	送料气缸后限	推料气缸后限信号线
8	送料按钮	送料按钮信号线
23	点胶电磁阀	点胶电磁阀信号线
25	送料气缸电磁阀	送料气缸电磁阀信号线
38	托盘检测+	托盘检测传感器电源线+端
39	送料气缸前限+	推料气缸前限磁性开关+端
40	送料气缸后限+	推料气缸后限磁性开关+端
41	送料按钮+	送料按钮电源线+
54	托盘检测-	托盘检测传感器电源线-
53	点胶电磁阀-	点胶电磁阀-
52	送料气缸电磁阀-	送料气缸电磁阀-
63	PS39+	提供 24V 电源+
64	PS3-	提供 24V 电源-

（2）上料涂胶单元挂板接口板端子分配如表 2-1-3 所示。

表 2-1-3　上料涂胶单元挂板接口板端子分配表

端子号	端子名称	功能描述
2	I0.1	托盘检测有信号
6	I0.5	送料气缸前限有信号
7	I0.6	送料气缸后限有信号
8	I0.7	送料按钮
23	Q0.3	点胶电磁阀
25	Q1.0	送料气缸电磁阀
A	PS3+	继电器常开触点
B	PS3−	直流 24V（负）
C	PS32+	继电器常开触点
D	PS33+	继电器常开触点公共端
E	I1.0	启动按钮
F	I1.1	停止按钮
G	I1.2	复位按钮
H	I1.3	联机信号
I	Q0.5	运行指示灯
J	Q0.6	停止指示灯
K	Q0.7	复位指示灯
L	PS39+	直流 24V（正）

4. 调试静态两点示教方式

D10B 光纤放大器如图 2-1-21 所示，对静态两点示教方式进行调试，并加大距离试着测试最远感应信号，同时记录最长感应距离。

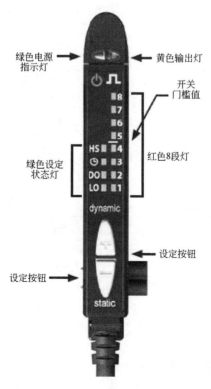

图 2-1-21　D10B 光纤放大器

5. 上料涂胶单元 PLC 程序设计与编写

（1）参照图 2-1-22 所示，编写 PLC 程序流程图。

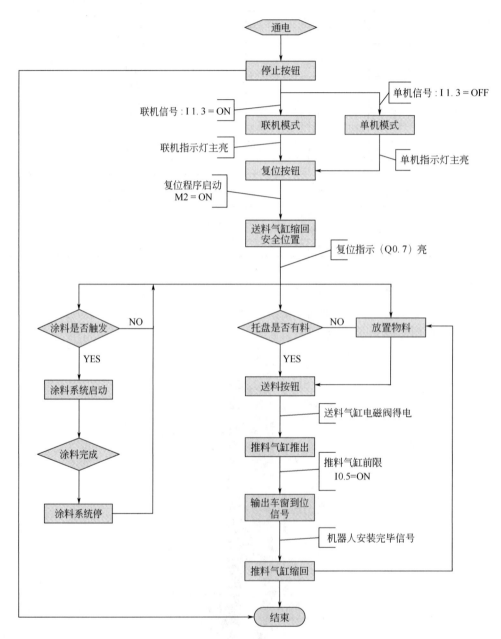

图 2-1-22　PLC 程序流程图

（2）根据 PLC 程序流程图，编写如图 2-1-23 所示 PLC 程序。

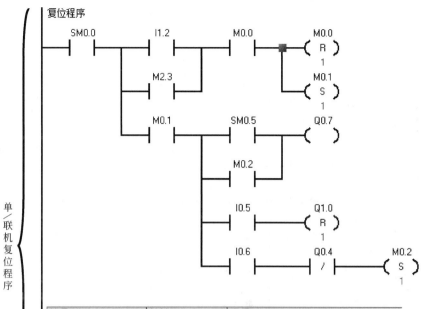

符号	地址	注释
Always_On	SM0.0	始终接通
Clock_1s	SM0.5	针对 1 s 的周期时间，时钟脉冲接通 0.5 s
CPU_输出4	Q0.4	点胶启动继电器
CPU_输出7	Q0.7	复位指示灯
CPU_输出8	Q1.0	送料气缸电磁阀
CPU_输入10	I1.2	复位按钮
CPU_输入5	I0.5	送料气缸前限
CPU_输入6	I0.6	送料气缸后限
M00	M0.0	单元停止
M01	M0.1	单元复位
M02	M0.2	复位完成
M23	M2.3	联机复位

(a) PLC复位程序

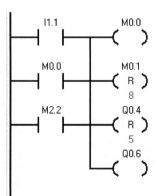

符号	地址	注释
CPU_输出4	Q0.4	点胶启动继电器
CPU_输出6	Q0.6	停止指示灯
CPU_输入9	I1.1	停止按钮
M00	M0.0	单元停止
M01	M0.1	单元复位
M22	M2.2	联机停止

(b) PLC停止程序

图 2-1-23

单／联机启动程序

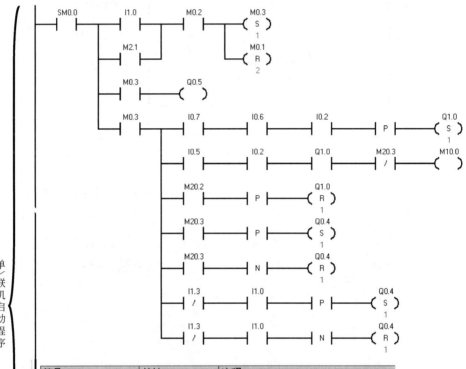

符号	地址	注释
Always_On	SM0.0	始终接通
CPU_输出4	Q0.4	点胶启动继电器
CPU_输出5	Q0.5	启动指示灯
CPU_输出8	Q1.0	送料气缸电磁阀
CPU_输入11	I1.3	单／联机
CPU_输入2	I0.2	托盘检测信号
CPU_输入5	I0.5	送料气缸前限
CPU_输入6	I0.6	送料气缸后限
CPU_输入7	I0.7	送料按钮
CPU_输入8	I1.0	启动按钮
M01	M0.1	单元复位
M02	M0.2	复位完成
M03	M0.3	单元启动
M100	M10.0	上料准备就绪
M202	M20.2	机器人装配完成信号
M203	M20.3	换料信号
M21	M2.1	联机启动

(c) PLC启动程序

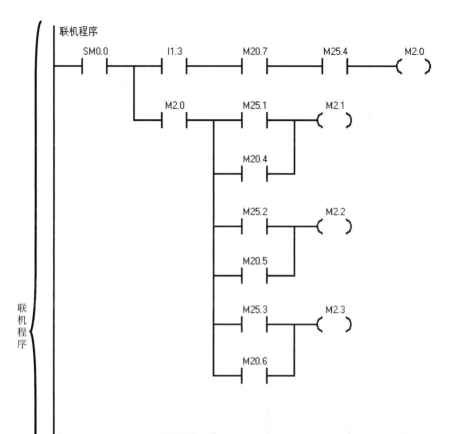

符号	地址	注释
Always_On	SM0.0	始终接通
CPU_输入11	I1.3	单/联机
M20	M2.0	全部联机信号
M204	M20.4	启动按钮
M205	M20.5	停止按钮
M206	M20.6	复位按钮
M207	M20.7	单/联机
M21	M2.1	联机启动
M22	M2.2	联机停止
M23	M2.3	联机复位
M251	M25.1	启动按钮
M252	M25.2	停止按钮
M253	M25.3	复位按钮
M254	M25.4	联/单机

(d) PLC联机程序

图 2-1-23

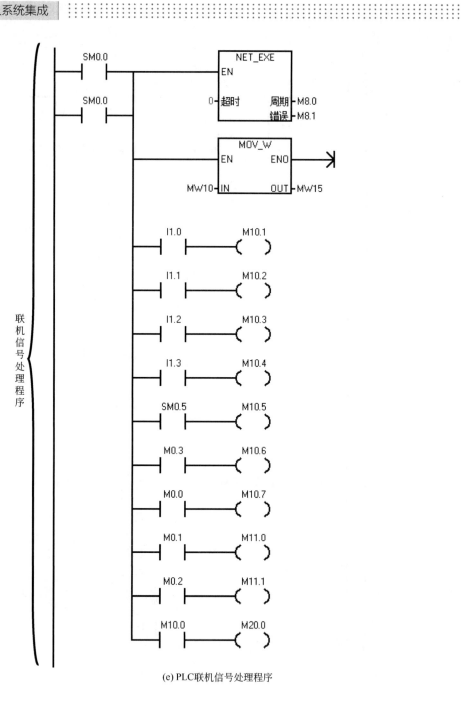

(e) PLC联机信号处理程序

符号	地址	注释
Always_On	SM0.0	始终接通
Clock_1s	SM0.5	针对 1 s 的周期时间，时钟脉冲接通 0.5 s
CPU_输入 10	I1.2	复位按钮
CPU_输入 11	I1.3	单/联机
CPU_输入 8	I1.0	启动按钮
CPU_输入 9	I1.1	停止按钮
M00	M0.0	单元停止
M01	M0.1	单元复位
M02	M0.2	复位完成
M03	M0.3	单元启动
M100	M10.0	上料准备就绪
M101	M10.1	启动按钮
M102	M10.2	停止按钮
M103	M10.3	复位按钮
M104	M10.4	联/单机状态
M105	M10.5	通讯信号
M106	M10.6	单元启动
M107	M10.7	单元停止
M110	M11.0	单元复位
M111	M11.1	复位完成
M200	M20.0	涂胶中信号

信号说明

(f) PLC信号说明

图 2-1-23　PLC 程序设计

任务二　多工位涂装单元集成实训

【实训目的】

① 掌握 PLC 向导的设置方法；
② 了解步进电机的工作原理；
③ 熟悉步进电机的应用。

【实训器材】

① 多工位涂装单元装置一套；
② 计算机一台（附以太网线一条）；
③ 空压机一台。

【工作任务】

① 多工位涂装单元的安装与接线；
② PLC 向导与步进电机的设置；
③ 多工位涂装单元的 PLC 程序设计；
④ 多工位涂装单元调试与运行。

【设备认识】

本实训主要是实现 3 部汽车模型工位的转换功能，用步进电机驱动控制分度盘，可以 360° 随意旋转，要求定位精准。实训使用的主要设备是多工位涂装单元，其结构如图 2-2-1 所示。

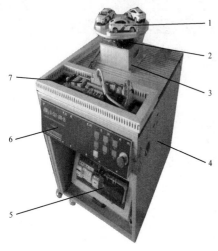

图 2-2-1 多工位涂装单元结构
1—汽车模型；2—分度盘；3—步进电机；4—桌体；
5—PLC；6—控制面板；7—桌面控制板

【控制要求】

（1）"单机"工作状态下，按"启动"按钮，或者"联机"状态下主站给出"启动"信号后，系统进入运行状态，"启动"指示灯亮，步进电机驱动控制分度盘旋转，直到传感器检测到汽车模型原点，步进电机停止转动。

（2）在"单机"工作状态下，按"停止"按钮，或者"联机"状态下主站给出"停止"信号，"停止"指示灯亮，系统进入停止状态，步进电机停止转动，所有气动机构均保持状态不变。

（3）在"单机"工作状态下，按"复位"按钮，或者"联机"状态下主站给出"复位"信号，"复位"指示灯亮，系统进入复位状态，所有执行机构均恢复到初始位置。

一、设备调试及材料准备

（1）分度盘步进系统的调试。

① 步进驱动部分需要利用 PLC 和计算机进行电路测试，主要测试线路连接 I/O 是否正确，步进电动执行机构的手动工作情况，参数是否设置合适。

② 设计编程元件的地址分配，画好 I/O 接线图，接好线路，如图 2-2-2 所示。

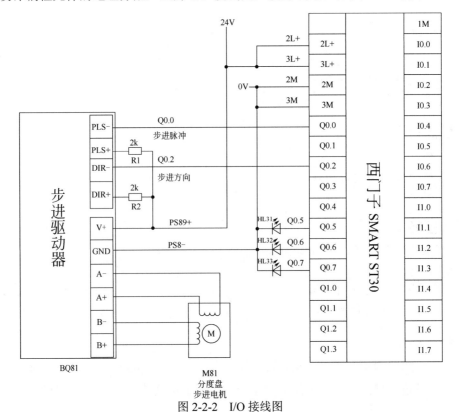

图 2-2-2 I/O 接线图

③ 步进驱动器的 DIP 拨码开关默认设置为 11010111，如图 2-2-3 所示（注意：涂胶系统设置为：10011111；细分 4，111；电流 1.20A）。

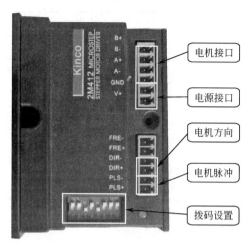

图 2-2-3　步进驱动器 DIP 拨码开关

④ 步进驱动器各端子接口定义如表 2-2-1 所示。

表 2-2-1　步进驱动器端子接口定义

标记符号	功能	说明
POWER	电源指示灯	绿色：电源指示灯
PLS	步进脉冲信号	下降沿有效，每当脉冲由高低变化时，电机走一步
DIR	步进方向信号	用于改变电机转向
V+	电源正极	DC 12～40V
GND	电源负极	
A+	电机接线	A 相接线
A−		
B+		B 相接线
B−		
DIP1～DIP8	电机电流细分设置	ON：1
		OFF：0

⑤ DIP 拨码开关功能说明：DIP 拨码开关用来设定驱动器的工作方式和工作参数，使用前请务必仔细阅读。注意：更改拨码开关的设置之前，请先切断电源！DIP 拨码开关的功能如表 2-2-2 所示。

表 2-2-2　DIP 拨码开关的功能

开关序号	ON 功能	OFF 功能
DIP1～DIP4	细分设置用	细分设置用
DIP5	静态电流半流	静态电流全流
DIP6～DIP8	输出电流设置用	输出电流设置用

⑥ 细分设定如表 2-2-3 所示。

表 2-2-3 细分设定

开关序号			DIP1 为 ON	DIP1 为 OFF
DIP2	DIP3	DIP4	细分	细分
ON	ON	ON	无效	2
OFF	ON	ON	4	4
ON	OFF	ON	8	5
OFF	OFF	ON	16	10
ON	ON	OFF	32	25
OFF	ON	OFF	64	50
ON	OFF	OFF	128	100
OFF	OFF	OFF	256	200

⚠ 注意　驱动器 PLS 脉冲信号及 DIR 方向信号为 DC5V 信号接入，如接入信号为 DC 24V，请务必在线路中串接 2kΩ 电阻，否则会烧坏驱动器设备。

⑦ 试编写控制程序。

⑧ 下载程序并调试程序。

⑨ 准确理解多工位涂装单元控制要求。

（2）材料准备。填写领料单（表 2-2-4），并领取相关材料。

表 2-2-4 领料单

领料单						
项目名称			工作小组			
领料人			领料日期			
序号	材料名称	规格/型号	单位	申领数量	实发数量	备注
制单/领料：		审核：		批准：		发料员：

二、安装多工位涂装模型及接线

1.安装

多工位涂装模型上方由 6 个汽车模型组成，下方由精密转盘带动旋转，定位由光电开关与步进电机实现，汽车模型固定在圆盘上，确保圆盘每次旋转定位时，汽车模型都能在同一位置。

步骤 1：精密转盘的安装。先将桌体电气公共部分安装好，精密转盘按图 2-2-4 所示安装，最后将精密转盘用螺钉通过安装孔位固定在桌面合适的位置，安装好后的效果如图 2-2-5 所示。

图 2-2-4　安装精密转盘　　　　　　　　图 2-2-5　精密转盘装机效果图

步骤 2：圆盘与汽车模型的安装。圆盘如图 2-2-6 所示，先将圆盘放在精密转盘上对准孔位，再将螺钉拧紧，汽车模型对准圆盘上的孔位竖直向下压入即可（注意：小心操作，以免损坏汽车模型），安装完后的效果如图 2-2-7 所示。

图 2-2-6　圆盘　　　　　　　　　　　图 2-2-7　汽车与圆盘装机效果图

步骤 3：光纤传感器的连接方法如图 2-2-8 所示，以此方法为例，有关光纤传感器的拆装均可按此操作。如图 2-2-9 所示，有两个小圆孔是光纤通道，将光纤管往此口插入后，压下锁定开关即可锁定光纤管，安装完成后如图 2-2-10 所示。

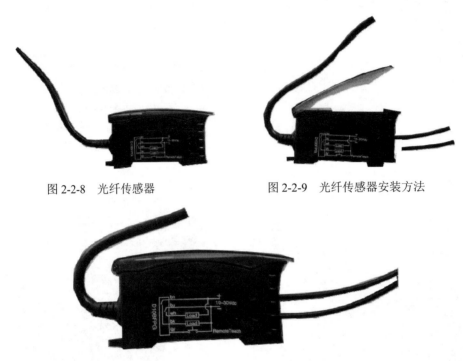

图 2-2-8　光纤传感器　　　　图 2-2-9　光纤传感器安装方法

图 2-2-10　光纤传感器安装完成

2.接线

（1）多工位涂胶模型主电路接线如图 2-2-11 所示。

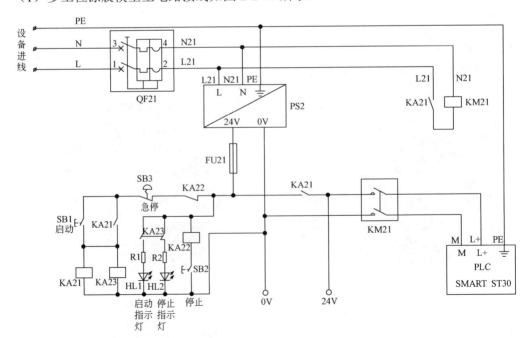

图 2-2-11　主电路接线图

（2）多工位涂胶模型 PLC 接线如图 2-2-12 所示。

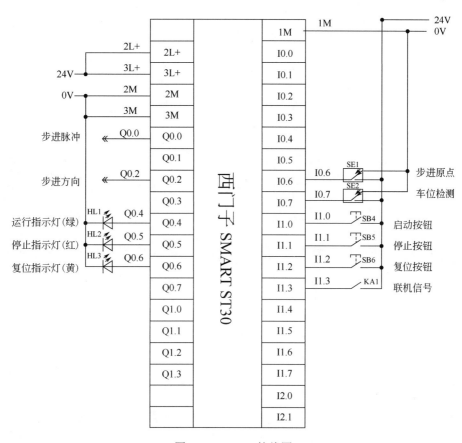

图 2-2-12　PLC 接线图

（3）多工位涂胶步进驱动器接线如图 2-2-13 所示。

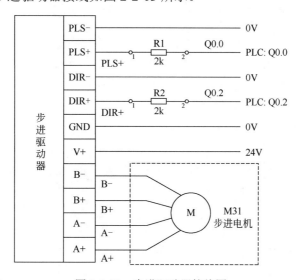

图 2-2-13　步进驱动器接线图

三、PLC 程序设计与编程

（1）设计控制原理方框图。根据任务要求，设计如图 2-2-14 所示的控制原理方框图。

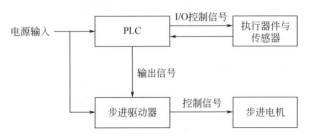

图 2-2-14　控制原理方框图

（2）设计 I/O 控制原理图。根据任务要求，设计如图 2-2-15 所示的 I/O 控制原理图。

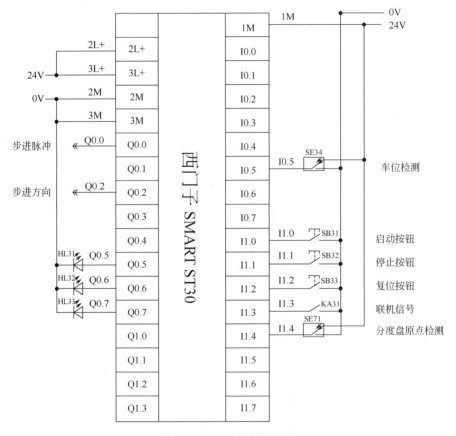

图 2-2-15　I/O 控制原理图

（3）根据原理图完成多工位涂装单元的安装与接线。

（4）多工位涂装单元 PLC 程序设计与编写。

① 编写 PLC 程序流程图，如图 2-2-16 所示。

② 根据 PLC 程序流程图，编写如图 2-2-17 所示的 PLC 程序。

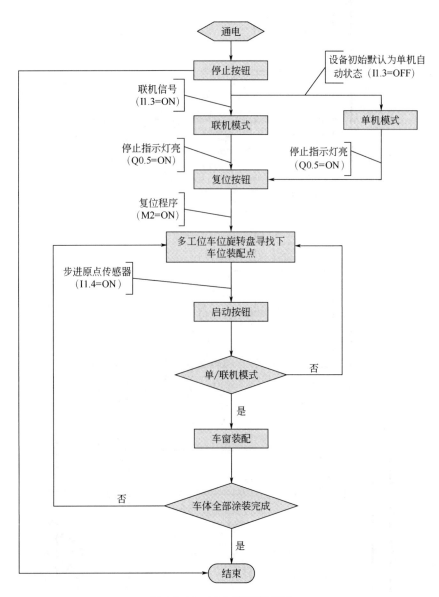

图 2-2-16 PLC 程序流程图

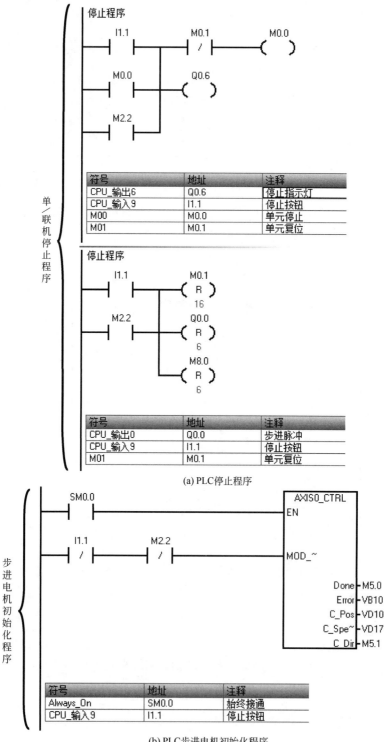

(a) PLC停止程序

(b) PLC步进电机初始化程序

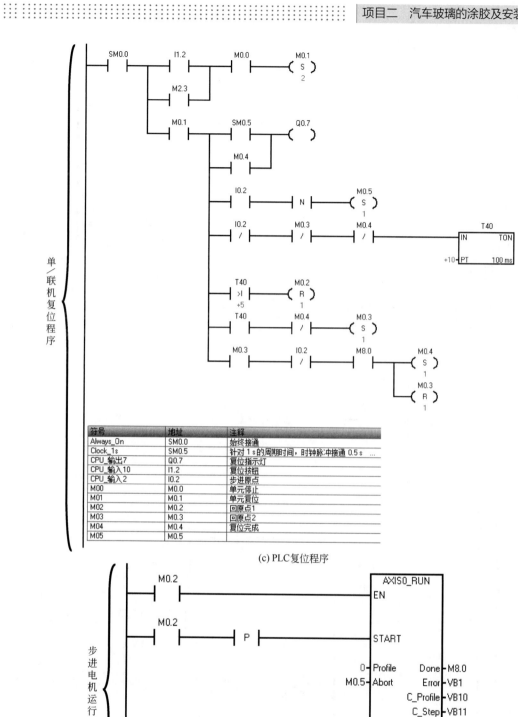

符号	地址	注释
Always_On	SM0.0	始终接通
Clock_1s	SM0.5	针对 1 s 的周期时间，时钟脉冲接通 0.5 s …
CPU_输出7	Q0.7	复位指示灯
CPU_输入10	I1.2	复位按钮
CPU_输入2	I0.2	步进原点
M00	M0.0	单元停止
M01	M0.1	单元复位
M02	M0.2	回原点1
M03	M0.3	回原点2
M04	M0.4	复位完成
M05	M0.5	

(c) PLC复位程序

符号	地址	注释
M02	M0.2	回原点1
M05	M0.5	

(d) PLC步进电机运行程序

图 2-2-17

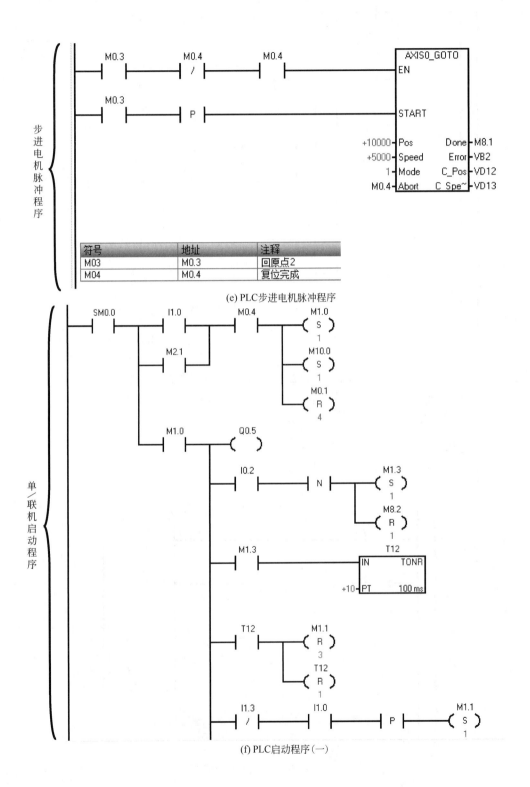

步进电机脉冲程序

符号	地址	注释
M03	M0.3	回原点2
M04	M0.4	复位完成

(e) PLC步进电机脉冲程序

单/联机启动程序

(f) PLC启动程序（一）

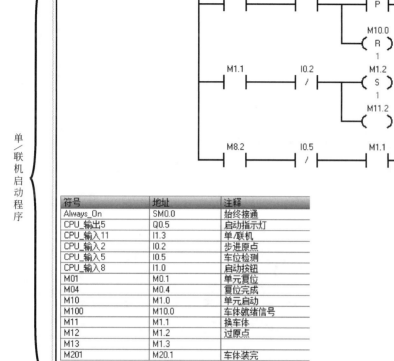

单/联机启动程序

符号	地址	注释
Always_On	SM0.0	始终接通
CPU_输出5	Q0.5	启动指示灯
CPU_输入11	I1.3	单/联机
CPU_输入2	I0.2	步进原点
CPU_输入5	I0.5	车位检测
CPU_输入8	I1.0	启动按钮
M01	M0.1	单元复位
M04	M0.4	复位完成
M10	M1.0	单元启动
M100	M10.0	车体就绪信号
M11	M1.1	换车体
M12	M1.2	过原点
M13	M1.3	
M201	M20.1	车体装完

(g) PLC启动程序（二）

换车体程序

符号	地址	注释
M11	M1.1	换车体
M13	M1.3	

(h) PLC换车体程序

图 2-2-17

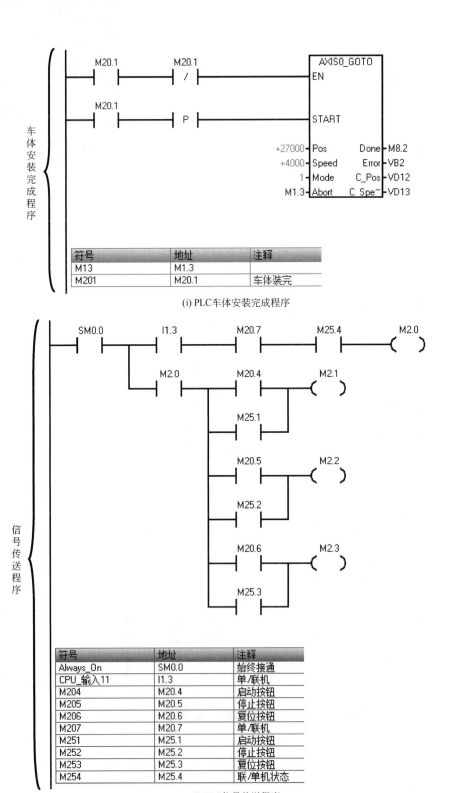

(i) PLC车体安装完成程序

符号	地址	注释
M13	M1.3	
M201	M20.1	车体装完

符号	地址	注释
Always_On	SM0.0	始终接通
CPU_输入11	I1.3	单/联机
M204	M20.4	启动按钮
M205	M20.5	停止按钮
M206	M20.6	复位按钮
M207	M20.7	单/联机
M251	M25.1	启动按钮
M252	M25.2	停止按钮
M253	M25.3	复位按钮
M254	M25.4	联/单机状态

(j) PLC信号传送程序

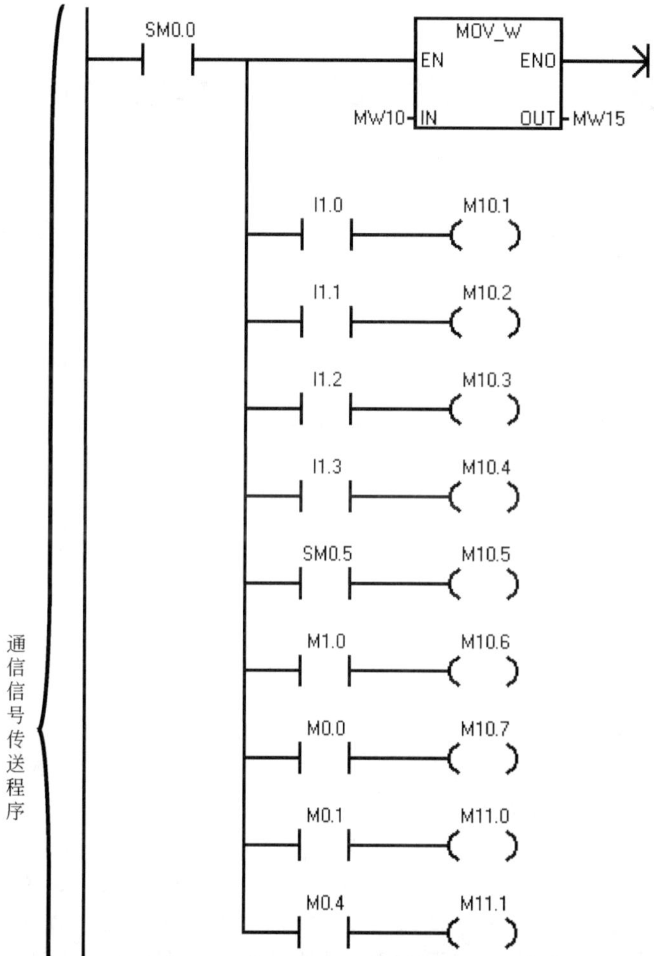

通
信
信
号
传
送
程
序

符号	地址	注释
Always_On	SM0.0	始终接通
Clock_1s	SM0.5	针对 1 s 的周期时间，时钟脉冲接通 0.5 s
CPU_输入 10	I1.2	复位按钮
CPU_输入 11	I1.3	单/联机
CPU_输入 8	I1.0	启动按钮
CPU_输入 9	I1.1	停止按钮
M00	M0.0	单元停止
M01	M0.1	单元复位
M04	M0.4	复位完成
M10	M1.0	单元启动
M101	M10.1	启动按钮
M102	M10.2	停止按钮
M103	M10.3	复位按钮
M104	M10.4	联/单机
M105	M10.5	通讯信号
M106	M10.6	单元启动
M107	M10.7	单元停止
M110	M11.0	单元复位
M111	M11.1	复位完成

(k) PLC通信信号传送程序

图 2-2-17　PLC 程序

任务三 六轴机器人码垛单元集成实训

【实训目的】

① 熟悉六轴机器人软件的应用;

② 掌握六轴机器人示教盒的应用;

③ 掌握六轴机器人运动指令的应用;

④ 完成六轴机器人与 PLC I/O 通信的任务。

【实训器材】

① 六轴机器人单元装置一套;

② 计算机一台;

③ 以太网线一条。

【工作任务】

① 六轴工业机器人单元安装与接线;

② 六轴工业机器人的参数设置与程序编写;

③ 六轴工业机器人单元的 PLC 程序设计;

④ 六轴工业机器人单元的调试与运行。

【任务说明】

设备启动后,按下"送料"按钮时,玻璃上料机构将汽车车窗送入工作区,汽车模型转盘转动定位,机器人选取胶枪夹具对车窗框进行预涂胶,预涂胶完毕,机器人更换吸盘夹具并拾取车窗玻璃,配合涂胶机进行涂胶,而后把涂胶的玻璃安装到汽车模型上。每辆汽车共有 3 种类型的玻璃,一辆汽车完成后,汽车转盘转到下一个工位,继续完成下一台汽车装配。待 3 部汽车模型全部完成后,送料气缸缩回并进行托盘更换,再执行下一组任务。

【控制要求】

(1)初始位置:六轴机器人处于收回安全状态;夹具平稳、整齐地放入夹具库,电磁阀关闭。

(2)"单机"工作状态下按"启动"按钮,或者"联机"状态下主站给出"启动"信号,系统进入运行状态,"启动"指示灯亮,送料气缸伸出将托盘运送至机器人工作端,汽车模型转盘转动定位,机器人选取胶枪夹具对车窗框进行预涂胶,完毕,机器人更换吸盘夹具拾取车窗玻璃,并配合涂胶机进行涂胶;把涂胶的玻璃安装到汽车模型上。

(3)在"单机"工作状态下按"停止"按钮,或者"联机"状态下主站给出"停止"信号,"停止"指示灯亮,系统进入停止状态,机器人停止装配搬运,其他所有机构均停止动作,保持状态不变。

(4)在"单机"工作状态下按"复位"按钮,或者"联机"状态下主站给出"复位"

信号，"复位"指示灯亮，系统进入复位状态，机器人复位，其他执行机构均恢复到初始位置。

一、认识设备及材料准备

1.认识设备

六轴机器人单元结构如图2-3-1所示。

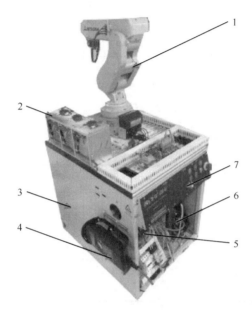

图2-3-1　六轴机器人单元结构

1—六轴机器人；2—夹具库；3—桌体；4—机器人示教器；

5—PLC；6—机器人控制器；7—控制面板

IRB120型工业机器人是一款额定负载为3公斤的小型六自由度工业机器人，它由机器人本体、控制器、示教器等组成，如图2-3-2所示。

示教器　　　　　　控制器　　　　　连接电缆　　　机器人本体

图2-3-2　六轴工业机器人部件组成示意图

2.材料准备

填写表2-3-1所示的领料单并领取材料。

二、设备安装及接线

六轴机器人、汽车涂胶模型结构如图2-3-3所示。

表 2-3-1　领料单

领料单							
项目名称			工作小组				
领料人			领料日期				
序号	名称	规格/型号	单位	申领数量	实发数量		备注
制单/领料：　　　　审核：　　　　批准：　　　　　　　发料员：							

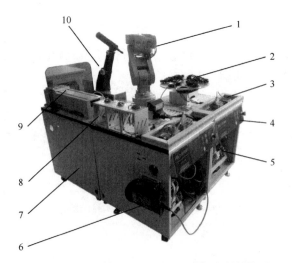

图 2-3-3　六轴机器人手机装配模型结构图

1—六轴机器人；2—精密转盘；3—公共电气部分；4—按钮面板；5—PLC；6—机器人示教器；

7—桌体；8—机器人夹具；9—按键上料机构；10—胶枪

（1）挂板接口板 CN301 端子分配见表 2-3-2。

表 2-3-2 挂板接口板 CN301 端子分配

CN301 端子	线号	功能描述
1	I0.2	托盘检测有信号
2	I0.5	推料气缸前限有信号
3	I0.6	推料气缸后限有信号
4	I0.7	送料按钮
20	Q0.4	点胶吹起电磁阀
21	Q1.0	送料气缸电磁阀
A	PS3+	继电器常开触点
B	PS3−	直流 24V（一）
C	PS32+	继电器常开触点
D	PS33+	继电器常开触点公共端
E	I1.0	启动按钮
F	I1.1	停止按钮
G	I1.2	复位按钮
H	I1.3	联机信号
I	Q0.5	运行指示灯
J	Q0.6	停止指示灯
K	Q0.7	复位指示灯
L	PS39+	直流 24V（+）

（2）桌面接口板 CN302 端子分配见表 2-3-3。

表 2-3-3 桌面接口板 CN302 端子分配

CN302 端子	线号	功能描述
1	托盘检测	托盘检测传感器信号线
2	推料气缸前限	推料气缸前限信号线
3	推料气缸后限	推料气缸后限信号线
4	送料按钮	送料按钮信号线
20	点胶吹起电磁阀	点胶吹起电磁阀（+）端
21	送料气缸电磁阀	送料气缸电磁阀（+）端
38	托盘检测（+）	托盘检测传感器电源线（+）端
39	推料气缸前限（+）	推料气缸前限磁性开关（+）端
40	推料气缸后限（+）	推料气缸后限磁性开关（+）端
41	送料按钮（+）	送料按钮电源线（+）
54	托盘检测（−）	托盘检测传感器电源线（−）端
53	点胶吹起电磁阀（−）	点胶吹起电磁阀（−）端
52	送料气缸电磁阀（−）	送料气缸电磁阀（−）端
63	PS39（+）	直流电源 24V（+）
64	PS3（−）	直流电源 24V（−）

（3）PLC I/O 分配见表 2-3-4。

表 2-3-4　PLC I/O 分配

PLC　I/O	功能描述
I0.6	托盘检测有信号，I0.6 闭合
I0.4	推料气缸前限有信号，I0.5 闭合
I0.5	推料气缸后限有信号，I0.5 闭合
I0.7	送料按钮按下，I0.7 闭合
I0.0	启动按钮按下，I0.0 闭合
I0.1	停止按钮按下，I0.1 闭合
I0.2	复位按钮按下，I0.2 闭合
I0.3	联机信号，I0.3 闭合
Q0.2	Q0.2 闭合，点胶吹起电磁阀启动
Q0.4	Q0.4 闭合，面板运行指示灯（绿）点亮
Q0.5	Q0.5 闭合，面板停止指示灯（红）点亮
Q0.6	Q0.6 闭合，面板复位指示灯（黄）点亮
Q0.3	Q1.0 闭合，送料气缸电磁阀得电

（4）涂胶系统机器人模型主电路接线如图 2-3-4 所示。

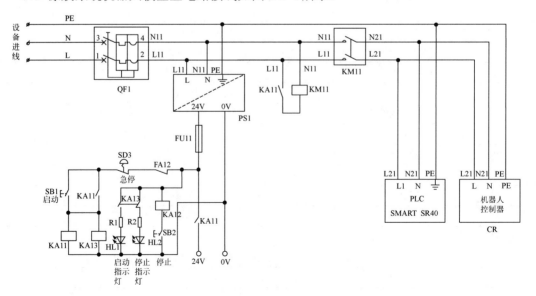

图 2-3-4　主电路接线图

（5）PLC 控制电路接线如图 2-3-5 所示。

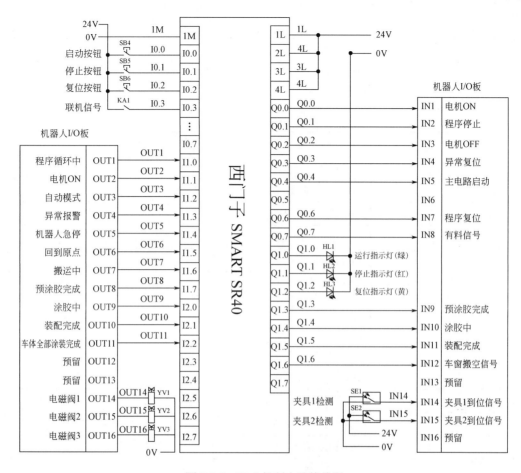

图 2-3-5 PLC 控制电路接线图

（6）PLC I/O 地址及功能见表 2-3-5。

表 2-3-5 PLCI/O 地址及功能表

PLC I/O	功能描述
I0.0	按下面板启动按钮，I1.0 闭合
I0.1	按下面板停止按钮，I1.1 闭合
I0.2	按下面板复位按钮，I1.2 闭合
I0.3	联机信号触发，I1.3 闭合
I1.0	程序循环中，I1.0 闭合
I1.1	机器人通电，电机 ON，I1.1 闭合
I1.2	自动模式，I1.2 闭合
I1.3	异常报警，I1.3 闭合
I1.4	机器人急停，I1.4 闭合
I1.5	机器人回到原点，I1.5 闭合
I1.6	机器人搬运中，I1.6 闭合

续表

PLC I/O	功能描述
I1.7	机器人预涂胶完成，I1.7 闭合
I2.0	机器人涂胶中，I2.0 闭合
I2.1	机器人装配完成，I2.1 闭合
I2.2	车体全部涂装完成，I2.2 闭合
Q0.0	Q0.0 闭合，机器人通电，电机 ON
Q0.1	Q0.1 闭合，机器人程序停止
Q0.2	Q0.2 闭合，机器人断电，电机 OFF
Q0.3	Q0.3 闭合，机器人异常复位
Q0.4	Q0.4 闭合，主电路启动
Q0.5	Q0.5 闭合，程序复位
Q0.6	Q0.6 闭合，有料信号
Q0.7	预留
Q1.0	I1.0 闭合,面板运行指示灯（绿）点亮
Q1.1	I1.1 闭合,面板停止指示灯（红）点亮
Q1.2	I1.2 闭合,面板复位指示灯（黄）点亮
Q1.3	I1.3 闭合,预涂胶完成
Q1.4	I1.4 闭合,涂胶中
Q1.5	I1.5 闭合,装配完成
Q1.6	I1.6 闭合,车窗搬空信号

（7）挂板接口板端子分配见表 2-3-6。

表 2-3-6　挂板接口板端子分配表

接口板 CN101 地址	线号	功能描述
01	IN14	机器人夹具 1 到位信号
02	IN15	机器人夹具 2 到位信号
06	OUT14	抓手电磁阀动作
07	OUT15	吸盘 A 电磁阀动作
08	OUT16	吸盘 B 电磁阀动作
A	PS1+	开关电源正极
B	PS1-	24V 电源负极
C	PS12+	KA21 常开触点

续表

接口板 CN101 地址	线号	功能描述
D	PS13+	KA21 线圈
E	I0.0	启动(按钮)
F	I0.1	停止(按钮)
G	I0.2	复位(按钮)
H	I0.3	联机继电器常开触点
I	Q1.0	启动(指示灯)
J	Q1.1	停止(指示灯)
K	Q1.2	复位(指示灯)
L	PS19+	+24V

（8）桌面接口板端子分配见表 2-3-7。

表 2-3-7　桌面接口板端子分配表

接口板 CN102 地址	线号	功能描述
01	夹具 1 到位信号	槽型光电传感器信号线
02	夹具 2 到位信号	槽型光电传感器信号线
06	抓手电磁阀	电磁阀信号线
07	吸盘 A 电磁阀	电磁阀信号线
08	吸盘 B 电磁阀	电磁阀信号线
38	夹具 1 到位信号+	槽型光电传感器电源线+
39	夹具 2 到位信号+	槽型光电传感器电源线+
43	抓手电磁阀+	电磁阀电源线+
44	吸盘 A 电磁阀+	电磁阀电源线+
45	吸盘 B 电磁阀+	电磁阀电源线+
46	夹具 1 到位信号-	槽型光电传感器电源线-
47	夹具 2 到位信号-	槽型光电传感器电源线-
63	PS19+	给 CN101 提供 24V 电源+
64	PS1-	给 CN102 提供 24V 电源-

三、PLC 程序设计与编程

（1）设计控制原理方框图。根据任务要求以及工业机器人结构、组成与原理，设计如图 2-3-6 所示的 PLC 控制原理方框图。

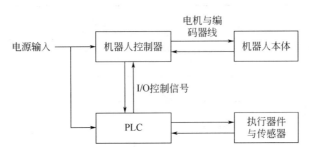

图 2-3-6　PLC 控制原理方框图

（2）设计 I/O 控制原理图。根据任务要求，设计如图 2-3-7 所示的 I/O 控制原理图。

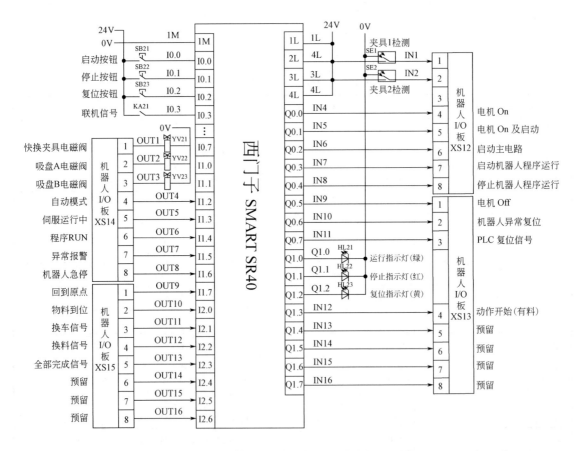

图 2-3-7　I/O 控制原理图

（3）根据原理图完成六轴机器人单元的安装与接线。

（4）六轴机器人单元 PLC 程序设计与编写。

① 参照如图 2-3-6 所示，编写 PLC 程序流程图，如图 2-3-8 所示。

② 根据 PLC 程序流程图，编写如图 2-3-9 所示的 PLC 程序。

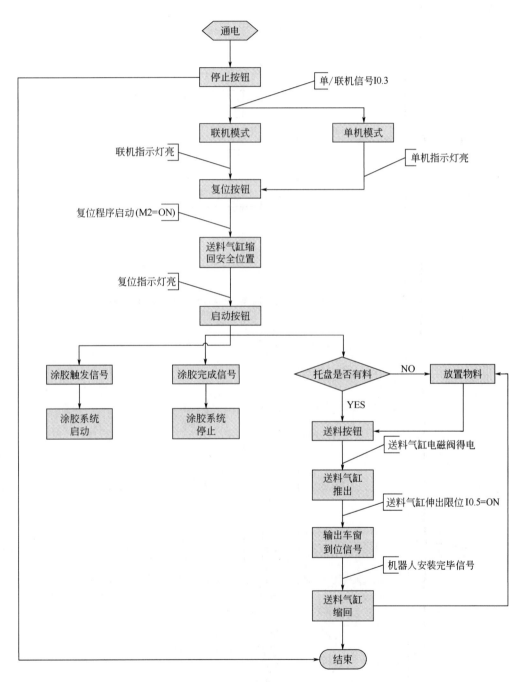

图 2-3-8 六轴机器人单元 PLC 程序流程

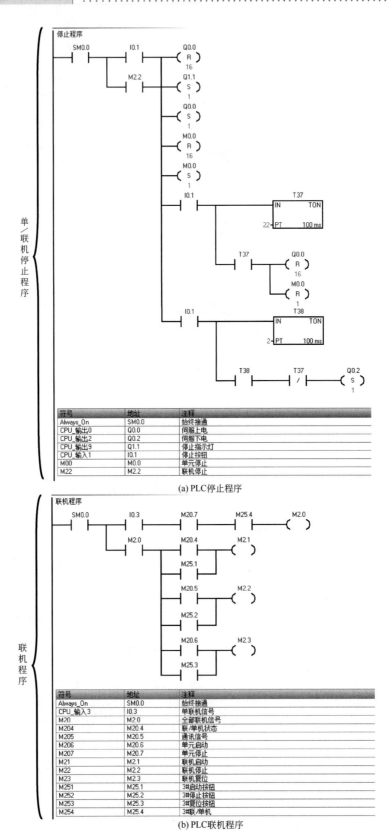

(a) PLC停止程序

(b) PLC联机程序

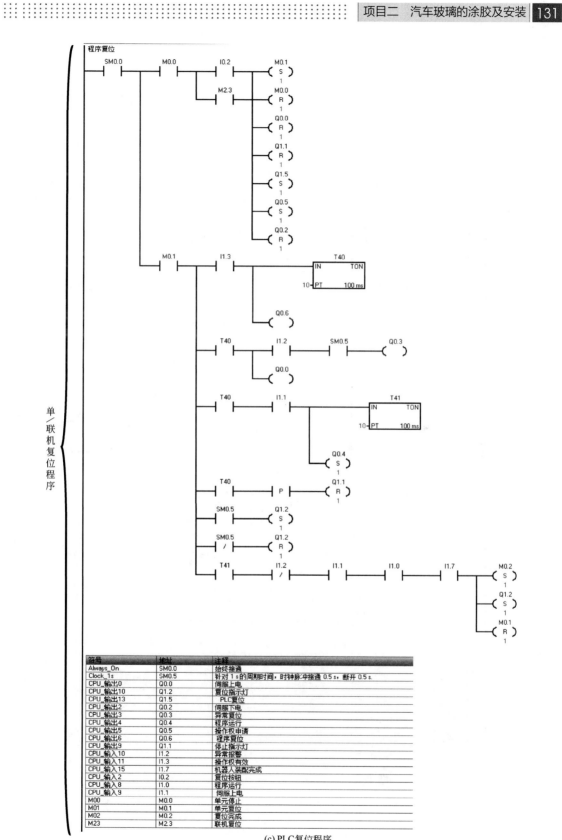

(c) PLC复位程序

图 2-3-9

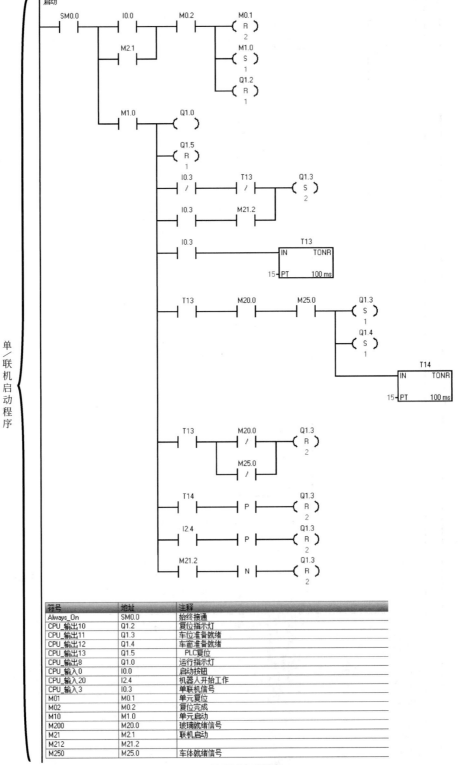

符号	地址	注释
Always_On	SM0.0	始终接通
CPU_输出10	Q1.2	复位指示灯
CPU_输出11	Q1.3	车位准备就绪
CPU_输出12	Q1.4	车窗准备就绪
CPU_输出13	Q1.5	PLC复位
CPU_输出8	Q1.0	运行指示灯
CPU_输入0	I0.0	启动按钮
CPU_输入20	I2.4	机器人开始工作
CPU_输入3	I0.3	单联机信号
M01	M0.1	单元复位
M02	M0.2	复位完成
M10	M1.0	单元启动
M200	M20.0	玻璃就绪信号
M21	M2.1	联机启动
M212	M21.2	
M250	M25.0	车体就绪信号

(d) PLC启动程序

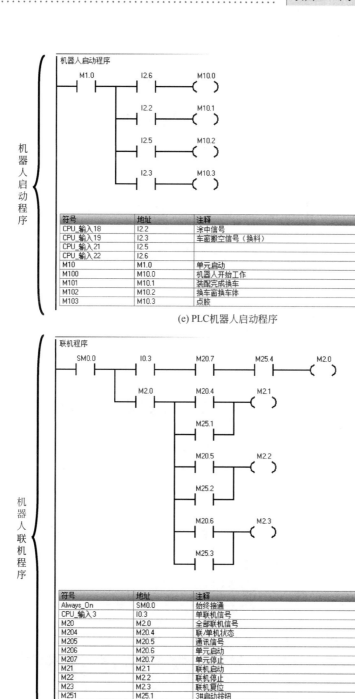

(e) PLC机器人启动程序

机器人启动程序

符号	地址	注释
CPU_输入18	I2.2	涂中信号
CPU_输入19	I2.3	车窗搬空信号（换料）
CPU_输入21	I2.5	
CPU_输入22	I2.6	
M10	M1.0	单元启动
M100	M10.0	机器人开始工作
M101	M10.1	装配完成换车
M102	M10.2	换车窗换车体
M103	M10.3	点胶

(f) PLC机器人联机程序

联机程序

符号	地址	注释
Always_On	SM0.0	始终接通
CPU_输入3	I0.3	单联机信号
M20	M2.0	全部联机信号
M204	M20.4	联/单机状态
M205	M20.5	通讯信号
M206	M20.6	单元启动
M207	M20.7	单元停止
M21	M2.1	联机启动
M22	M2.2	联机停止
M23	M2.3	联机复位
M251	M25.1	3#启动按钮
M252	M25.2	3#停止按钮
M253	M25.3	3#复位按钮
M254	M25.4	3#联/单机

图 2-3-9

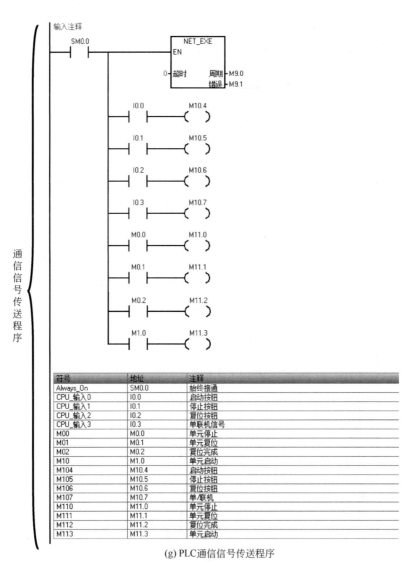

(g) PLC通信信号传送程序

图 2-3-9 PLC 程序设计

（5）PLC 程序编写完成后，设计机器人运行程序。

① 所需示教的机器人运行轨迹见表 2-3-8。机器人参考程序点的运行位置如图 2-3-10～图 2-3-13 所示。

表 2-3-8 机器人运行轨迹

序号	点序号	注释
1	Home	机器人初始位置
2	Ppick	取涂胶夹具点
3	Ppick1	取吸盘夹具点

续表

序号	点序号	注释
4	P10～P15	前窗预涂胶点
5	P20～P25	后窗预涂胶点
6	P26	取前窗点
7	P27	过渡点
8	P28～P33	前窗涂胶点
9	P34	前窗放置点
10	P41	取后窗点
11	P42～P47	后窗涂胶点
12	P48	后窗放置点

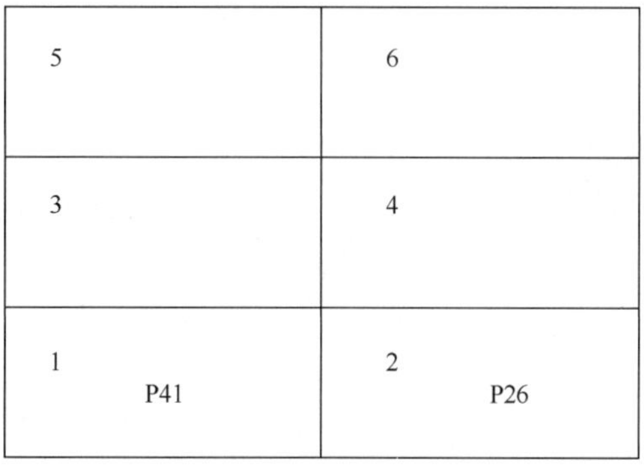

5	6
3	4
1　　　P41	2　　　P26

图 2-3-10　托盘取玻璃点

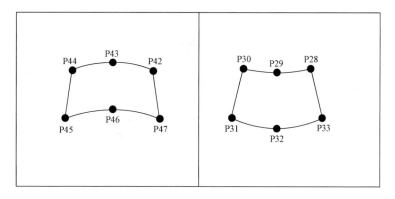

图 2-3-11　玻璃涂胶点

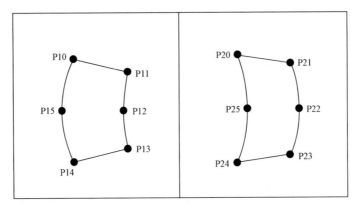

图 2-3-12　车窗预涂胶点

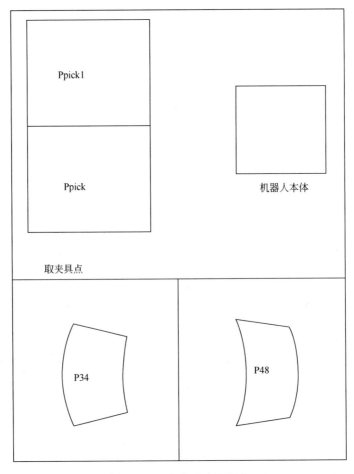

图 2-3-13　车窗玻璃装配点

② 根据控制功能，设计机器人运行程序流程图。

机器人运行程序流程图如图 2-3-14 所示。

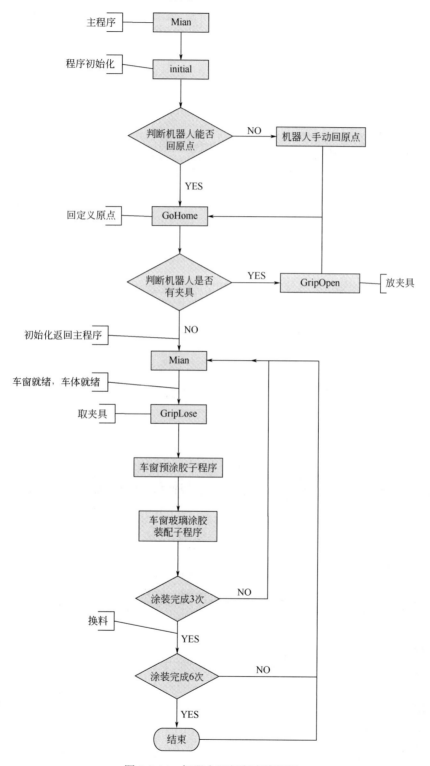

图 2-3-14 机器人运行程序流程图

③ 根据机器人运行程序流程图，设计编写机器人主程序。

编写机器人主程序如下：

```
PROC main()
        DateInit;
        rHome;
        WHILE TRUE DO
            TPWrite "Wait Start……";
            WHILE DI10_12=0 DO
            ENDWHILE
            TPWrite "Running: Start.";
            RESET DO10_9;
            Gripper1;
            precoating;
            placeGripper1;
            Gripper3;
            assembly;
            placeGripper3;
            ncount:=ncount+1;
            IF ncount > 5 THEN
                ncount:=0;
                ncount1:=0;
                ncount2:=0;
                ncount3:=0;
            ENDIF
        ENDWHILE
    ENDPROC
```

④ 根据机器人运行程序流程图，设计编写其子程序，包括初始化子程序、回原点子程序。

a. 编写机器人初始化子程序如下：

```
PROC DateInit()
        ncount:=0;
        ncount1:=0;
        ncount2:=0;
        ncount3:=0;
        RESET DO10_1;
        RESET DO10_2;
        RESET DO10_3;
        RESET DO10_9;
        RESET DO10_10;
        RESET DO10_11;
        RESET DO10_12;
        RESET DO10_13;
        RESET DO10_14;
```

```
        RESET DO10_15;
    ENDPROC
```

b. 编写机器人回原点子程序如下：

```
PROC rHome()
        VAR Jointtarget joints;
        joints:=CJointT();
        joints.robax.rax_2:=-23;
        joints.robax.rax_3:=32;
        joints.robax.rax_4:=0;
        joints.robax.rax_5:=81;
        MoveAbsJ joints\NoEOffs,v40,z100,tool0;
        MoveJ Home,v100,z100,tool0;
        IF DI10_1=1 AND DI10_3=1 THEN
            TPWrite "Running: Stop!";
            Stop;
        ENDIF
        IF DI10_1=1 AND DI10_3=0 THEN
            placeGripper1;
        ENDIF
        IF DI10_3=1 AND DI10_1=0 THEN
            placeGripper3;
        ENDIF
        MoveJ Home,v200,z100,tool0;
        Set DO10_9;
        TPWrite "Running: Reset complete!";
    ENDPROC
```

⑤ 设计机器人预涂胶子程序流程图，如图 2-3-15 所示。

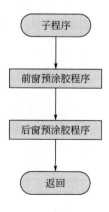

图 2-3-15　预涂胶子程序流程图

⑥ 根据机器人预涂胶子程序流程图，设计编写前后窗预涂胶子程序。

编写机器人预涂胶子程序如下：

```
PROC precoating()
        MoveJ Home,v200,z100,tool0;
        MoveJ Offs(p10,0,0,20),v100,z60,tool0;
        MoveL Offs(p10,0,0,0),v100,fine,tool0;
        Set DO10_2;
        MoveJ p11,v100,z60,tool0;
        MoveJ p12,v100,z60,tool0;
        MoveJ p13,v100,z60,tool0;
        MoveJ p14,v100,z60,tool0;
        MoveJ p15,v100,z60,tool0;
        MoveJ p10,v100,fine,tool0;
        Reset DO10_2;
        WaitTime 1;
        MoveL Offs(p10,0,0,20),v100,z60,tool0;
        MoveJ Offs(p20,0,0,20),v100,z60,tool0;
        MoveL Offs(p20,0,0,0),v100,fine,tool0;
        Set DO10_2;
        MoveJ p21,v100,z60,tool0;
        MoveJ p22,v100,z60,tool0;
        MoveJ p23,v100,z60,tool0;
        MoveJ p24,v100,z60,tool0;
        MoveJ p25,v100,z60,tool0;
        MoveJ p20,v100,fine,tool0;
        Reset DO10_2;
        WaitTime 1;
        MoveL Offs(p20,0,0,50),v100,fine,tool0;
        MoveJ Home,v200,z100,tool0;
ENDPROC
```

⑦ 设计机器人涂装子程序流程图，如图2-3-16所示。

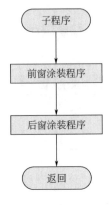

图2-3-16　涂装子程序流程图

编写机器人车窗涂胶装配子程序如下：

```
PROC assembly()
        MoveJ Offs(p26,ncount1*40,0,20),v100,z60,tool0;
        MoveL Offs(p26,ncount1*40,0,0),v100,fine,tool0;
        Set DO10_2;
        Set DO10_3;
        WaitTime 1;
        MoveL Offs(p26,ncount1*40,0,40),v100,z60,tool0;
        Set DO10_10;
        MoveJ p27,v100,z60,tool0;
        MoveJ Offs(p28,-50,0,0),v100,z60,tool0;
        MoveL Offs(p28,0,0,0),v100,z60,tool0;
        Reset DO10_10;
        MoveJ p29,v100,z60,tool0;
        MoveJ p30,v100,z60,tool0;
        MoveJ p31,v100,z60,tool0;
        MoveJ p32,v100,z60,tool0;
        MoveJ p33,v100,z60,tool0;
        MoveJ p28,v100,z60,tool0;
        MoveL Offs(p28,-80,0,0),v100,z60,tool0;
        MoveJ Home,v200,z100,tool0;
        MoveJ Offs(p34,0,0,20),v100,z60,tool0;
        MoveL Offs(p34,0,0,0),v100,fine,tool0;
        Reset DO10_2;
        Reset DO10_3;
        WaitTime 1;
        MoveL Offs(p34,0,0,60),v100,z60,tool0;
        MoveJ Offs(p41,ncount1*40,0,20),v100,z60,tool0;
        MoveL Offs(p41,ncount1*40,0,0),v100,fine,tool0;
        Set DO10_2;
        Set DO10_3;
        WaitTime 1;
        MoveL Offs(p41,ncount1*40,0,40),v100,z60,tool0;
        Set DO10_10;
        MoveJ p27,v100,z60,tool0;
        MoveJ Offs(p42,-50,0,0),v100,z60,tool0;
        MoveL Offs(p42,0,0,0),v100,z60,tool0;
        Reset DO10_10;
        MoveJ p43,v100,z60,tool0;
        MoveJ p44,v100,z60,tool0;
        MoveJ p45,v100,z60,tool0;
```

```
MoveJ p46,v100,z60,tool0;
MoveJ p47,v100,z60,tool0;
MoveJ p42,v100,z60,tool0;
MoveL Offs(p42,-80,0,0),v100,z60,tool0;
MoveJ Home,v200,z100,tool0;
MoveJ Offs(p48,0,0,20),v100,z60,tool0;
MoveL Offs(p48,0,0,0),v100,fine,tool0;
Reset DO10_2;
Reset DO10_3;
WaitTime 1;
MoveL Offs(p48,0,0,30),v100,z60,tool0;
MoveJ Home,v200,z100,tool0;
Set DO10_11;
ncount1:=ncount1+1;
    IF ncount1 > 2 THEN
        ncount1:=0;
        Set DO10_12;
    ENDIF
ENDPROC
```

⑧ 设计机器人取放夹具及拾放吸盘子程序流程图，如图 2-3-17 所示。

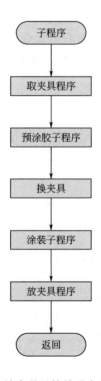

图 2-3-17　取放夹具及拾放吸盘子程序流程图

a. 编写机器人取胶枪夹具子程序如下：

```
PROC Gripper1()
        MoveJ Offs(ppick,0,0,50),v200,z60,tool0;
        Set DO10_1;
        MoveL Offs(ppick,0,0,0),v40,fine,tool0;
        Reset DO10_1;
        WaitTime 1;
        MoveL Offs(ppick,-3,-120,20),v50,z100,tool0;
        MoveL Offs(ppick,-3,-120,150),v100,z60,tool0;
    ENDPROC
```

b. 编写机器人放胶枪夹具子程序如下：

```
PROC placeGripper1()
        MoveJ Offs(ppick,-2.5,-120,200),v200,z100,tool0;
        MoveL Offs(ppick,-2.5,-120,20),v100,z100,tool0;
        MoveL Offs(ppick,0,0,0),v40,fine,tool0;
        Set DO10_1;
        WaitTime 1;
        MoveL Offs(ppick,0,0,40),v30,z100,tool0;
        MoveL Offs(ppick,0,0,50),v60,z100,tool0;
        Reset DO10_1;
    ENDPROC
```

c.编写机器人拾取吸盘子程序如下：

```
PROC Gripper3()
        MoveJ Offs(ppick1,0,0,50),v200,z60,tool0;
        Set DO10_1;
        MoveL Offs(ppick1,0,0,0),v20,fine,tool0;
        Reset DO10_1;
        WaitTime 1;
        MoveL Offs(ppick1,-3,-120,30),v50,z60,tool0;
        MoveL Offs(ppick1,-3,-120,260),v100,z60,tool0;
    ENDPROC
```

d.编写机器人放吸盘子程序如下：

```
PROC placeGripper3()
        MoveJ Offs(ppick1,-3,-120,220),v200,z100,tool0;
        MoveL Offs(ppick1,-3,-120,20),v100,z100,tool0;
        MoveL Offs(ppick1,0,0,0),v60,fine,tool0;
        Set DO10_1;
        WaitTime 1;
        MoveL Offs(ppick1,0,0,40),v30,z100,tool0;
        MoveL Offs(ppick1,0,0,50),v60,z100,tool0;
        Reset DO10_1;
```

```
    Reset DO10_10;
    Reset DO10_11;
    Reset DO10_12;
    IF DI10_12=0 THEN
         MoveJ Home,v200,z100,tool0;
    ENDIF
ENDPRO
```

机器人码垛工作站系统集成

项目三

机器人码垛任务主要是通过机器人完成对汽车轮胎模型、汽车玻璃模型进行搬运码垛并入仓的过程，具体工作过程是：设备启动后，传送带送料机构将需要码垛的轮胎送入待搬运码垛区，需要被整理的汽车玻璃送入待码垛区，由机器人按照预定的顺序完成搬运、码垛。在此系统中，机器人的主要用途是码垛、搬运。

码垛机器人是机械与计算机程序有机结合的产物，为现代生产提供了更高的生产效率，所以码垛机器在码垛行业应用相当广泛。码垛机器人大大节省了劳动力，节省空间；码垛机器人运作灵活精准、快速高效、稳定性高、作业效率高；码垛机器人可以使运输工业加快码垛效率，提升物流速度，获得整齐、统一的物垛，减少物料的破损与浪费。如图 3-0-1 所示是轮胎码垛机器人。

图 3-0-1　轮胎码垛机器人

码垛机器人一般具有以下特点。

（1）结构简单、零部件少。因此，零部件的故障率低、性能可靠、保养维修简单、所需库存零部件少。

（2）占地面积小。有利于客户厂房中生产线的布置，并可留出较大的库房面积。码垛机器人可以设置在狭窄的空间，可有效地使用空间。

（3）适用性强。当客户产品的尺寸、体积、形状及托盘的外形尺寸发生变化时，只需要在触摸屏上稍做修改即可，不会影响客户的正常的生产。而机械式的码垛机更改相当麻烦，甚至无法修改。

（4）能耗低。通常机械式码垛机的功率在 26kW 左右，而码垛机器人的功率为 5kW 左右，大大降低了用户的运行成本。

（5）容易控制。全部控制均可在控制柜屏幕上操作，操作非常简单。

（6）示教简单。只需定位抓起点和摆放点，教示方法简单易懂。

【能力目标】

① 能阐述码垛工作站的基本结构；

② 根据不同的搬运对象会选择合适的工装夹具；

③ 会设置 ABB 机器人 I/O 通信参数；

④ 会设计机器人 I/O 口与外部连接电路图，并完成接线工作；

⑤ 能使用 Offs、Set、Rest、MOVE L、MOVE J、MOVE C 等指令，完成程序的编写并进行调试；

⑥与团队内其他伙伴进行有效的配合与沟通，能积极参与讨论、共同完成工作任务。

【教学建议】

① 采用工学结合一体化教学模式开展教学，建议学时：40~50 学时；

② 将整个集成项目分为若干个工作任务进行完成，以免工作任务过大，无法完成。

【项目描述】

在工业生产中，轮胎和玻璃的生产已经完毕，需要进行搬运码垛以及入仓操作。请用一台工业机器人，以及相关配套设备、材料进行系统集成，完全满足生产的需求。

【项目实施】

因项目较大，控制较为复杂，因此将项目分解为两个工作任务，先进行单机调试，然后进行联机统调。

任务一　立体码垛单元的程序设计与调试

【学习任务】

① 立体码垛单元的组装；

② 参照接线图完成单元电气元件的安装与接线；

③ 对传感器进行设置；

④ 编写立体码垛单元 PLC 控制程序；

⑤ 对单元设备进行调试。

【任务描述】

本任务将轮胎通过传送带送入待码垛区，待机器人完成搬运、码垛、入仓后，再如此循环执行一个任务。

【教学建议】

① 先观看相关视频，对整个系统有初步的了解后再进行学习；

② 配合工作页进行任务实施；

③ 做好小组分工，各成员分别负责设备安装、程序编写、系统调试、安全监控等任务；

④ 采用工学结合一体化教学模式，建议学时为 16 课时。

【任务实施】

原理分析：立体轮胎仓库双面各 3 行 3 列，设备启动后，皮带输送轮胎物料到机器人抓取工位，机器人选择三爪夹具，逐个拾取轮胎并挂装到立体轮胎仓库内，输送带能正反双向运行，有效防止物料的卡、堵现象，立体仓库装有一个气动推料机构，能把仓库的轮胎物料推到输送皮带上，以便节省放料时间。

一、原理框图

轮胎码垛模型原理框图如图 3-1-1 所示。

二、控制原理图

轮胎码垛模型控制原理图如图 3-1-2 所示。

图 3-1-1　轮胎码垛模型原理框图

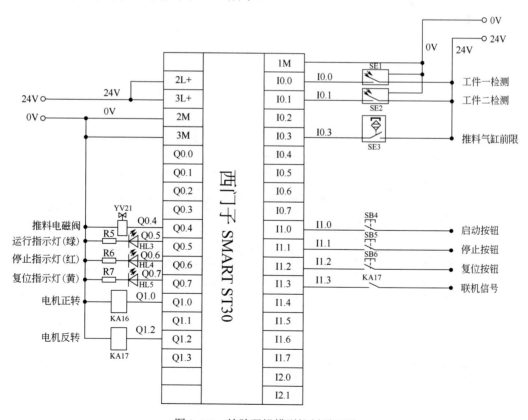

图 3-1-2　轮胎码垛模型控制原理图

三、绘制程序流程图

绘制轮胎码垛程序流程图如图 3-1-3 所示。

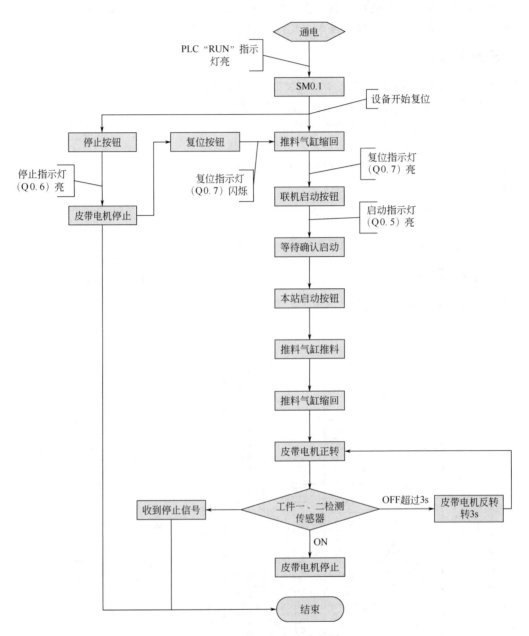

图 3-1-3　轮胎码垛程序流程图

四、编制 PLC 及机器人 I/O 功能分配表

详见表 3-1-1。

表 3-1-1　PLC 及机器人 I/O 功能分配表

PLC I/O	功能描述
I0.0	工件一传感器感应到工件，I0.0 闭合
I0.1	工件二传感器感应到工件，I0.1 闭合
I0.3	推料气缸前限位感应，I0.3 闭合
I1.0	按下面板启动按钮，I1.0 闭合
I1.1	按下面板停止按钮，I1.1 闭合
I1.2	按下面板复位按钮，I1.2 闭合
I1.3	联机信号触发，I1.3 闭合
Q0.4	Q0.4 闭合，推料气缸电磁阀得电
Q0.5	Q0.5 闭合，面板运行指示灯（绿)点亮
Q0.6	Q0.6 闭合，面板停止指示灯（红)点亮
Q0.7	Q0.7 闭合，面板复位指示灯（黄)点亮
Q1.1	Q1.1 闭合，传送带电机正转
Q1.2	Q1.2 闭合，传送带电机反转

五、编制挂板接口板 CN301 端子分配表

详见表 3-1-2。

表 3-1-2　挂板接口板 CN301 端子分配表

接口板 CN301 端子	线号	功能描述
1	I0.0	工件一检测传感器
2	I0.1	工件二检测传感器
4	I0.3	推料气缸前限位磁性开关
20	Q0.4	推料气缸电磁阀
21	Q1.1	皮带电机正转继电器
22	Q1.2	皮带电机正转继电器
A	PS2+	继电器常开触点
B	PS2-	直流 24V 负
C	PS22+	继电器常开触点
D	PS23+	继电器常开常闭触点公共端

续表

接口板 CN301 端子	线号	功能描述
E	I1.0	启动按钮
F	I1.1	停止按钮
G	I1.2	复位按钮
H	I1.3	联机信号
I	Q0.5	启动指示灯
J	Q0.6	停止指示灯
K	Q0.7	复位指示灯
L	PS29+	直流 24V 正

六、编制桌面接口板 CN302 端子分配表

详见表 3-1-3。

表 3-1-3　桌面接口板 CN302 端子分配表

接口板 CN302 端子	线号	功能描述
1	工件一检测	工件一检测传感器信号线
2	工件二检测	工件二检测传感器信号线
4	推料气缸伸出限位	推料气缸前限位磁阀开关+端
20	推料气缸电磁阀	推料气缸电磁阀+端
21	皮带电机继电器正转	电机 KA16 继电器线圈"14"号接线端
22	皮带电机继电器反转	电机 KA17 继电器线圈"14"号接线端
38	工件一检测+	工件一检测传感器电源线+端
39	工件二检测+	工件二检测传感器电源线+端
46	工件一检测-	工件一检测传感器电源线-端
47	工件二检测-	工件二检测传感器电源线-端
56	推料气缸伸出限位+	推料气缸伸出限位磁阀开关+端
58	PS29+	皮带电机继电器"5"号接线端
63	PS29+	直流电源 24V+进线
64	PS2-	直流电源 24V-进线
65	PS2-	皮带电机电源线一端
66	推料气缸电磁阀	推料气缸电磁阀一端
67	PS2-	电机 KA16 继电器线圈"13"号接线端
68	PS2-	电机 KA17 继电器线圈"13"号接线端

七、编写 PLC 程序

根据轮胎码垛程序流程图，编写轮胎码垛模型单元及机器人的停止、复位、启动、搬运程序，如图 3-1-4～图 3-1-9 所示。

（1）单元停止控制程序（图 3-1-4）。

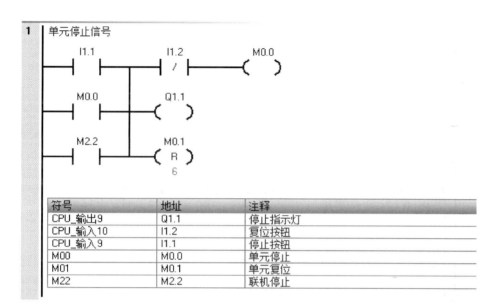

符号	地址	注释
CPU_输出9	Q1.1	停止指示灯
CPU_输入10	I1.2	复位按钮
CPU_输入9	I1.1	停止按钮
M00	M0.0	单元停止
M01	M0.1	单元复位
M22	M2.2	联机停止

图 3-1-4　单元停止控制程序

（2）机器人停止程序（图 3-1-5）。首先是停止机器人动作，再断开机器人伺服控制机构。

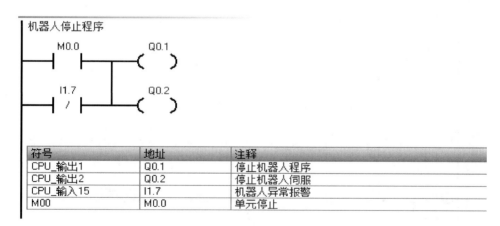

符号	地址	注释
CPU_输出1	Q0.1	停止机器人程序
CPU_输出2	Q0.2	停止机器人伺服
CPU_输入15	I1.7	机器人异常报警
M00	M0.0	单元停止

图 3-1-5　机器人停止程序

（3）机器人复位程序（图 3-1-6）。机器人没有回到原点位置时，复位指示灯闪烁；复位到达原点位置时，表示复位完成，复位指示灯亮。

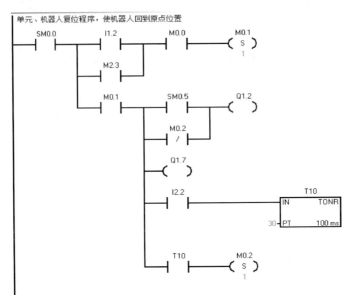

符号	地址	注释
Always_On	SM0.0	始终接通
Clock_1s	SM0.5	针对 1 s 的周期时间，时钟脉冲接通 0.5 s，断开 0.5 s
CPU_输出10	Q1.2	复位指示灯
CPU_输出15	Q1.7	选择使能
CPU_输入10	I1.2	复位按钮
CPU_输入18	I2.2	回到原点
M00	M0.0	单元停止
M01	M0.1	单元复位
M02	M0.2	复位完成
M23	M2.3	联机复位

图 3-1-6　机器人复位程序

（4）机器人 PLC 程序与分站的单元联机控制启动程序（图 3-1-7）。机器人单元复位完成后才能启动。

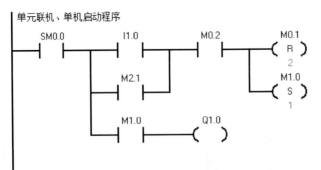

符号	地址	注释
Always_On	SM0.0	始终接通
CPU_输出8	Q1.0	运行指示灯
CPU_输入8	I1.0	启动按钮
M01	M0.1	单元复位
M02	M0.2	复位完成
M10	M1.0	单元启动
M21	M2.1	联机启动

图 3-1-7　单元联机控制启动程序

（5）根据轮胎传感器 A 或 B 的感应情况，编制机器人轮胎码垛搬运程序（图 3-1-8）。

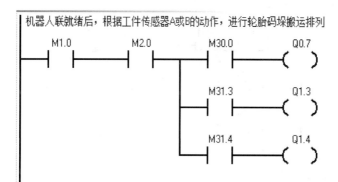

符号	地址	注释
CPU_输出11	Q1.3	选择信号1
CPU_输出12	Q1.4	选择信号2
CPU_输出7	Q0.7	选择信号0
M10	M1.0	单元启动
M20	M2.0	全部联机信号
M300	M30.0	轮胎就绪信号
M313	M31.3	轮胎检测传感器A
M314	M31.4	轮胎检测传感器B

图 3-1-8　机器人轮胎码垛搬运程序

（6）机器人与单元站联机启动、停止、复位程序（图 3-1-9）。

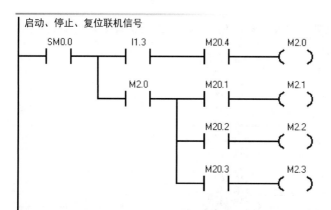

符号	地址	注释
Always_On	SM0.0	始终接通
CPU_输入11	I1.3	单联机信号
M20	M2.0	全部联机信号
M201	M20.1	2#启动按钮
M202	M20.2	2#停止按钮
M203	M20.3	2#复位按钮
M204	M20.4	联/单机状态
M21	M2.1	联机启动
M22	M2.2	联机停止
M23	M2.3	联机复位

(a)

图 3-1-9

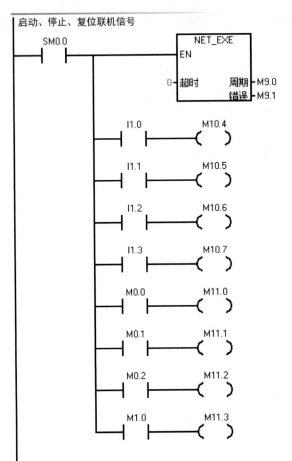

符号	地址	注释
Always_On	SM0.0	始终接通
CPU_输入10	I1.2	复位按钮
CPU_输入11	I1.3	单联机信号
CPU_输入8	I1.0	启动按钮
CPU_输入9	I1.1	停止按钮
M00	M0.0	单元停止
M01	M0.1	单元复位
M02	M0.2	复位完成
M10	M1.0	单元启动
M104	M10.4	启动按钮
M105	M10.5	停止按钮
M106	M10.6	复位按钮
M107	M10.7	单/联机
M110	M11.0	单元停止
M111	M11.1	单元复位
M112	M11.2	复位完成
M113	M11.3	单元启动

(b)

图 3-1-9　联机启动、停止、复位程序

八、设备调试

（1）通电前检查

① 观察机构上各元件外表是否有明显移位、松动或损坏等现象，如果存在以上现象，及时调整、紧固或更换元件。

② 对照接口板端子分配表或接线图，检查桌面和挂板接线是否正确，尤其要检查24V电源、电气元件电源等连接线路是否有短路、断路现象。

③ 设备上不能放置任何不属于本工作站的物品，如有请及时清除。

（2）启动设备前的注意事项

注意观察皮带机构工位的检测位置是否有物料存在，如果有请移走物料，如图 3-1-10 所示。

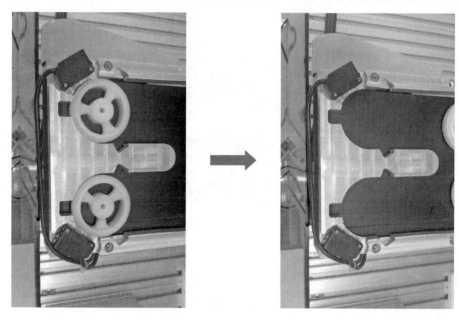

图 3-1-10 皮带机构有异常物料

（3）传感器的调试

① E3Z-D61 型传感器（图 3-1-11）共有 2 个，分别安装于工位一及工位二，如图 3-1-12 所示，使用小号一字螺钉旋具，可以调整传感器极性和感度，本任务要求：极性为 L，强度根据实际情况调节。

图 3-1-11 E3Z-D61 型传感器

图 3-1-12 传感器安装位置

② 工位一检测与工位二检测的光电传感器，应当在轮子进入时能准确检测到并输出信号，如图 3-1-13 所示。

当轮胎处于图中位置时，此传感器应能准确检测并输出信息号

图 3-1-13　传感器检测

③ 推料气缸处于伸出状态时，推料气缸前限磁性开关能准确感应到并输出信号。

（4）节流阀的调节

打开气源，用小号一字螺钉旋具对气动电磁阀的测试旋钮进行操作，如图 3-1-14 所示，调节气缸上的节流阀，可以使气缸动作顺畅柔和。

测试按钮

图 3-1-14　节流阀调节

九、故障查询

设备故障查询见表 3-1-4。

表 3-1-4 设备故障查询

序号	故障现象	故障原因	解决方法
1	设备不能正常通电	电气件损坏	更换电气件
		线路接线脱落或错误	检查电路并重新接线
2	按钮板指示灯不亮	接线错误	检查电路并重新接线
		程序错误	修改程序
		指示灯损坏	更换
3	PLC 灯闪烁报警	程序出错	改进程序重新写入
4	设备无法复位	无气压	打开气源或疏通气路
		磁性开关信号丢失	调整磁性开关位置
		PLC 输出点烧坏	更换
		接线不良	紧固
		程序出错	修改程序
		开关电源损坏	更换
		PLC 损坏	更换
5	皮带电机不动作	接线不良	紧固
		继电器损坏	更换
		PLC 输出点烧坏	更换
		电机损坏	更换
6	传感器不检测	PLC 输入点烧坏	更换
		接线错误	检查线路并更改
		开关电源损坏	更换
		传感器固定位置不合适	调整位置
		传感器损坏	更换

任务二　机器人单元的程序设计与调试

【学习任务】

① 掌握数据传送指令 MOV 的功能及应用；

② 掌握数据移位指令的功能及应用；

③ 根据任务要求，完成机器人单元控制程序的设计和调试，并解决运行问题过程中遇到的常见问题。

【任务描述】

本任务将只考虑将机器人单元作为独立设备运行时的情况，在本单元按钮模块（图 3-2-1）

上选择"单机",设计控制程序使 PLC 控制机器人运行。

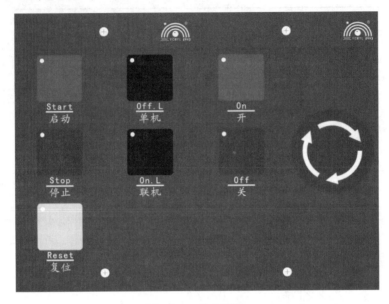

图 3-2-1　按钮模块

【控制要求】

① 只将机器人单元作为独立运行设备,在本单元的按钮模块上选择"单机"。

② 设备通电和气源接通后,"急停"按钮没有被按下;按下"停止"按钮,机器人根据控制程序回到原点的位置,然后程序停止运行。

【教学建议】

① 先观看相关视频,对整个系统初步了解后再进行学习;

② 配合工作页进行任务实施;

③ 做好小组分工,各成员分别负责设备安装、程序编写、系统调试、安全监控等任务;

④ 采用工学结合一体化教学模式,建议学时为 16 课时。

【相关知识】

1.数据传送指令(MOV)

数据传送指令用于在各个编程元件之间进行数据传送。根据每次传送数据的数量,可分为单个传送指令和字传送指令、双字传送指令、实数传送指令。

(1)单个传送指令(MOVB、BIR、BIW、MOVW、MOVD、MOVR)。单个传送指令每次传送1个数据,传送数据的类型分为字节传送、字传送、双字传送和实数传送。

字节传送指令 MOVB 在梯形图中,周期性字节传送指令以功能框的形式编程,指令名称为 MOV_B。当允许输入 EN 有效时,将一个无符号的单字节数据 IN 传送到 OUT 中,如图 3-2-2 所示。

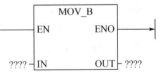

图 3-2-2　单个传送

IN 和 OUT 的单个传送寻址范围如表 3-2-1 所示。

表 3-2-1　IN 和 OUT 的单个传送寻址范围

操作数	类型	寻址范围
IN	BYTE	VB，IB，QB，MB，SB，SMB，LB，AC，*VD，*AC，*LD 和常数
OUT	BYTE	VB，IB，QB，MB，SB，SMB，LB，AC，*VD，*AC，*LD

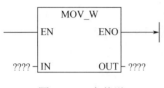

图 3-2-3　字传送

（2）字传送指令（MOVW）。字传送指令 MOVW 将 1 个字长的有符号整数数据 IN 传送到 OUT。在梯形图中，字传送指令以功能框的形式编程，当允许输入 EN 有效时，将 1 个无符号的单字长数据 IN 传送到 OUT 中，如图 3-2-3 所示。

IN 和 OUT 的字传送寻址范围如表 3-2-2 所示。

表 3-2-2　IN 和 OUT 的字传送寻址范围

操作数	类型	寻址范围
IN	WORD	VW，IW，QW，MW，SW，SMW，LW，T，C，AC，*VD，*AC，*LD 和常数
OUT	WORD	VW，IW，QW，MW，SW，SMW，LW，T，C，AC，*VD，*AC，*LD

图 3-2-4　双字传送

（3）双字传送指令（MOVD）。双字传送指令 MOVD 将 1 个双字长的有符号整数数据 IN 传送到 OUT。

在梯形图中，双字传送指令以功能框的形式编程，指令名称为：MOV_DW。当允许输入 EN 有效时，将 1 个有符号的双字长数据 IN 传送到 OUT 中，如图 3-2-4 所示。

IN 和 OUT 的双字传送寻址范围如表 3-2-3 所示。

表 3-2-3　IN 和 OUT 的双字传送寻址范围

操作数	类型	寻址范围
IN	DWORD	VD，ID，QD，MD，SMD，LD，AC，HC，*VD，*AC，*LD 和常数
OUT	DWORD	VD，ID，QD，MD，SMD，LD，AC，*VD，*AC，*LD

（4）实数传送指令（MOVR）。实数传送指令 MOVR 将 1 个双字长的实数数据传送到 OUT。

在梯形图中，实数传送指令以功能框的形式编程，当允许输入 EN 有效时，将 1 个有符号的双字长实数数据 IN 传送到 OUT 中，如图 3-2-5 所示。

IN 和 OUT 的实数传送寻址范围如表 3-2-4 所示。

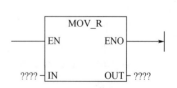

图 3-2-5　实数传送

表 3-2-4　**IN 和 OUT 的实数传送寻址范围**

操作数	类型	寻址范围
IN	REAL	VD，ID，QD，MD，SMD，LD，AC，HC，*VD，*AC，*LD 和常数
OUT	REAL	VD，ID，QD，MD，SMD，LD，AC，4VD，*AC，*LD

2.移位指令

（1）左移和右移指令。左移或右移指令的功能，是将输入数据 IN 左移或右移 N 位后，把结果送到 OUT。左移或右移指令的特点如下：

a.被移位的数据是无符号的。

b.在移位时，存放被移位数据的编程元件的移出端与特殊继电器 SM1.1 连接，移出位进入 SM1.1（溢出），另一端自动补 0。

c.移位次数 N 与移位数据的长度有关，如 N 小于实际的数据长度，则执行 N 次移位；如果 N 大于数据长度，则执行移位的次数等于实际数据长度的位数。

d.移位次数 N 为字节型数据。

① 字节左移指令 SLB 和字节右移指令 SRB。在梯形图中，字节左移指令或字节右移指令以功能框的形式编程，指令名称分别为：SHL-B 和 SHR-B，如图 3-2-6 所示。

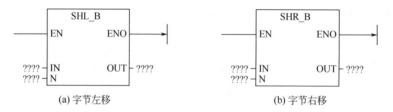

(a) 字节左移　　　　　(b) 字节右移

图 3-2-6　字节左移右移指令

当允许输入 EN 有效时，将字节型输入数据 IN 左移或右移 N 位（N≤8）后，送到 OUT 指定的字节存储单元。

② 字左移指令 SLW 和字右移指令 SRW。在梯形图中，字左移指令 SLW 或字右移指令 SRW 以功能框的形式编程，指令的名称分别为：SHL_W 和 SHR_W，如图 3-2-7 所示。

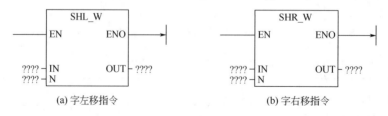

(a) 字左移指令　　　　　(b) 字右移指令

图 3-2-7　字左移指令和字右移指令

当允许输入 EN 有效时，将字型输入数据 IN 左移或右移 N 位（N≤16）后，送到 OUT 指定的字存储单元。

③ 双字左移指令 SLD 和双字右移指令 SRD。在梯形图中，双字左移指令 SLD 或双字右移指令 SRD 以功能框的形式编程，如图 3-2-8 所示。

图 3-2-8 双字左移指令和双字右移指令

当允许输入 EN 有效时，将双字型输入数据 IN 左移或右移 N 位（N≤32）后，送到 OUT 指定的双字存储单元。

（2）循环左移和循环右移指令。循环移位的特点如下：

a.被移位的数据是无符号的。

b.在移位时，存放被移位数据的编程元件的移出端，既与另一端连接，又与特殊继电器 SM1.1 连接。移出位在被移到另一端的同时，也进入 SM1.1(溢出),另一端自动补 0。

c.移位次数 N 与移位数据的长度有关，如 N 小于实际的数据长度，则执行 N 次移位；如 N 大于数据长度，则执行移位的次数为 N 除以实际数据长度的余数。

d.移位次数 N 为字节型数据。

① 字节循环左移指令 ROLB 和字节循环右移指令 RORB。在梯形图中，字节循环移位指令以功能框的形式编程，指令名称分别为：ROL_B 和 ROR_B，如图 3-2-9 所示。

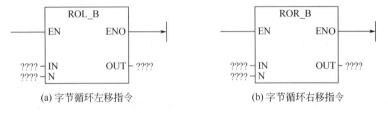

图 3-2-9 字节循环左移指令和字节循环右移指令

当允许输入 EN 有效时，把字节型输入数据的循环移位Ⅳ位后，送到由 OUT 指定的字节存储单元中。

② 字循环左移指令 RLW 和字循环右移指令 RRW。在梯形图中，字循环移位指令以功能框的形式编程，指令名称分别为：ROL_W 和 ROR_W 如图 3-2-10 所示。

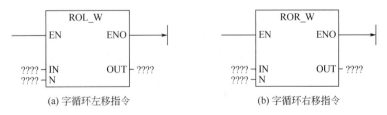

图 3-2-10 字循环左移指令和字循环右移指令

当允许输入 EN 有效时，把字型输入数据 IN 循环移位 N 位后，送到由 OUT 指定的字存储单元中。

③ 双字循环左移指令 RLD 和双字循环右移指令 RRD。在梯形图中，双字循环移位指令以功能框的形式编程，指令名称分别为：ROL_DW 和 ROR_DW，如图 3-2-11 所示。

当允许输入 EN 有效时，把双字型输入数据 IN 循环移位 N 位后，送到由 OUT 指定的双字存储单元。

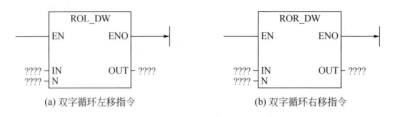

(a) 双字循环左移指令　　　　　　　　(b) 双字循环右移指令

图 3-2-11　双字循环左移指令和双字循环右移指令

【任务实施】

工作任务：轮胎码垛和排列检测工作站的主要任务，是对轮胎进行码垛和对汽车玻璃形状检测后进行分拣排列。码垛的具体工作过程是：在皮带输送轮胎物料到达抓取工件位置时，机器人选择三爪夹具逐个拾取轮胎，并挂装到立体轮胎仓库内，当搬运挂装轮胎数量达到 18 个时，机器人将三爪夹具放回夹具存放位置，机器人回到原点位置等待。排列检测的具体工作过程是：机器人联机感应到检测排列模型的物料台上有玻璃物料，机器人通过吸盘夹具拾取玻璃，到检验机构进行检验，根据检测结果，机器人选择摆放方向而分类排列到不同的位置，当机器人分拣排列次数为 8 次后，机器人将吸盘夹具放回夹具存放位置，机器人回到原点位置等待。

控制要求如下。

（1）"单机"工作状态下按"启动"按钮，或者"联机"状态下主站给出"启动"信号后，系统进入运行状态，"启动"指示灯亮，单击"分拣"按钮，传送带将轮胎送入待分拣区，机器人将轮胎拾起并入仓，并一直循环，知道仓库满了为止。

（2）在"单机"工作状态下按"停止"按钮，或者"联机"状态下主站给出"停止"信号，"停止"指示灯亮，系统进入停止状态，所有气动机构均保持状态不变。

（3）在"单机"工作状态下按"复位"按钮，或者"联机"状态下主站给出"复位"信号，"复位"指示灯亮，系统进入复位状态，所有执行机构均恢复到初始位置。

一、设计单元控制功能框图

设计如图 3-2-12 所示的六轴机器人单元控制功能原理框图。

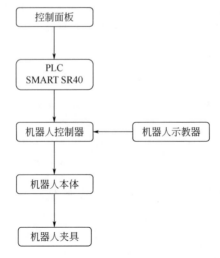

图 3-2-12　六轴机器人单元控制功能原理框图

二、设计单元控制原理图

设计如图 3-2-13 所示的六轴机器人单元控制原理图。

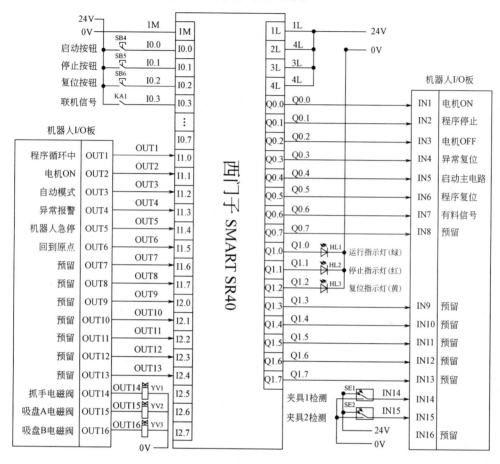

图 3-2-13 六轴机器人单元控制原理图

三、编制 PLC 及机器人 I/O 功能分配表

PLC 及机器人 I/O 功能分配表如表 3-2-5 所示。

表 3-2-5 PLC 及机器人 I/O 功能分配表

I/O 号	功能描述
I0.0	按下面板启动按钮，I1.0 闭合
I0.1	按下面板停止按钮，I1.1 闭合
I0.2	按下面板复位按钮，I1.2 闭合
I0.3	联机信号触发，I1.3 闭合
I1.0	程序循环中，I1.0 闭合
I1.1	机器人通电，电机 ON，I1.1 闭合

续表

I/O 号	功能描述
I1.2	自动模式，I1.2 闭合
I1.3	异常报警，I1.3 闭合
I1.4	机器人程急停，I1.4 闭合
I1.5	机器人回到原点，I1.5 闭合
I1.6	预留为以后扩展机器人功能用
I1.7	预留为以后扩展机器人功能用
I2.0	预留为以后扩展机器人功能用
I2.1	预留为以后扩展机器人功能用
I2.2	预留为以后扩展机器人功能用
I2.3	预留为以后扩展机器人功能用
I2.4	预留为以后扩展机器人功能用
Q0.0	Q0.0 闭合，机器人通电，电机 ON
Q0.1	Q0.1 闭合，机器人程序停止
Q0.2	Q0.2 闭合，机器人断电，电机 OFF
Q0.3	Q0.3 闭合，机器人异常复位
Q0.4	Q0.4 闭合，启动主电路
Q0.5	Q0.5 闭合，程序复位
Q0.6	Q0.6 闭合， 有料信号
Q0.7	预留
Q1.0	Q1.0 闭合,面板运行指示灯（绿)点亮
Q1.1	Q1.1 闭合,面板停止指示灯（红)点亮
Q1.2	Q1.2 闭合,面板复位指示灯（黄)点亮
Q1.3	预留为以后扩展机器人功能用
Q1.4	预留为以后扩展机器人功能用
Q1.5	预留为以后扩展机器人功能用
Q1.6	预留为以后扩展机器人功能用
Q1.7	预留为以后扩展机器人功能用

四、规划机器人运动轨迹

（1）规划机器人取夹具的运动轨迹，如图 3-2-14 所示。

（2）规划机器人码垛运动轨迹，如图 3-2-15 所示。

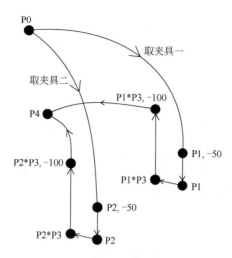

图 3-2-14 机器人取夹具的运动轨迹

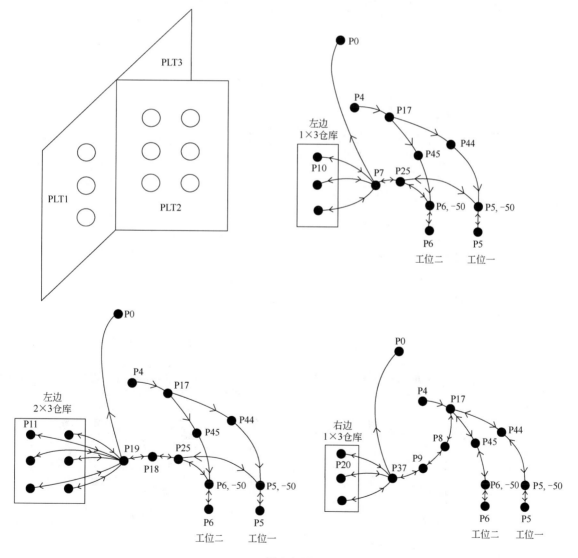

图 3-2-15

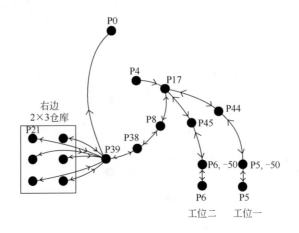

图 3-2-15　机器人码垛运动轨迹

（3）规划机器人进行排列检测运动轨迹，如图 3-2-16 所示。

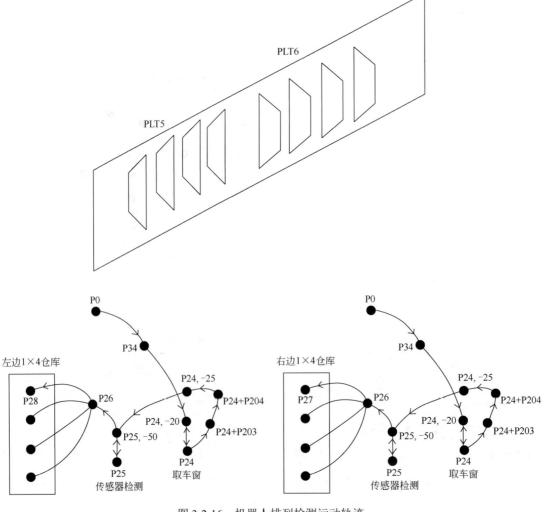

图 3-2-16　机器人排列检测运动轨迹

关于机器人轨迹点的路线说明请参见表 3-2-6。

表 3-2-6　机器人轨迹点的路线说明

序号	点序号	注释
1	P0	机器人初始位置（程序中定义）
2	P1	取三抓夹具点
3	P2	取吸盘夹具点
4	P4 P7	过渡点
5	P17 P44 P45	过渡点
6	P25 P18 P19	过渡点
7	P5	工位一取料点
8	P6	工位二取料点
9	P10	左边 1×3 仓库码垛点
10	P11	左边 2×3 仓库码垛点
11	P8 P9 P37	过渡点
12	P38 P39	过渡点
13	P20	右边 1×3 仓库码垛点
14	P21	右边 2×3 仓库码垛点
15	P34 P26	过渡点
16	P24	车窗取料点
17	P25	传感器检测点
18	P27	右边玻璃放料点
19	P28	左边玻璃放料点

五、机器人程序编写

规划完机器人轮胎码垛和玻璃排列检测运动轨迹后，便可编写机器人程序。首先根据控制要求绘制机器人程序流程图，然后编写机器人主程序和子程序。子程序主要包括机器人回原点子程序、机器人程序初始化子程序、取夹具和放夹具子程序、轮胎码垛子程序、玻璃排列检测子程序。编写子程序前要先规划好机器人的运行轨迹和定义好机器人的程序点，下面逐项进行介绍。

（1）绘制机器人程序流程图（图 3-2-17）。

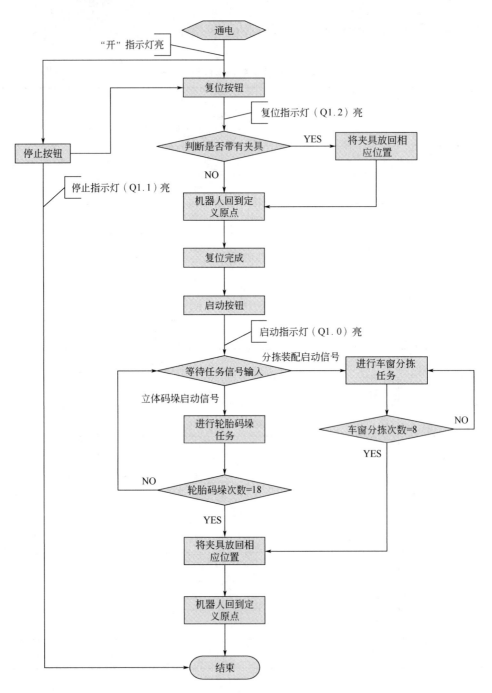

图 3-2-17　机器人程序流程图

（2）编写机器人主程序。根据机器人流程图编写机器人主程序如下：

```
MODULE Maduro
PROC main()
        DateInit;!数据初始化
        rHome;!机器人回原点
        !WaitDI di0,1;
        WHILE TRUE DO
```

```
        WHILE di0==0 DO
            !等待启动信号
        ENDWHILE
        SetDO do0,0;
        qusanzhuajiaju;  !取三抓夹具
        quluntai;  !取左侧码垛轮胎
        ZC1*3CK;  !左侧1×3轮胎码垛
        ZC2*3CK;  !左侧2×3轮胎码垛
         YCQL;  !取右侧码垛轮胎
        YC1*3CKMD;  !右侧1×3仓库码垛
        YC2*3CKMD;  !右侧2×3仓库码垛
        fangsanzhuajiaju;  !放三抓夹具
        quxipanjiaju;  !取吸盘夹具
        quboli;  !取玻璃
        fangyoubianboli;  !放右边玻璃
        fangzuobianboli;  !放左边玻璃
        fangxipanjiaju;  !放吸盘夹具
        MoveJ p0,v200,z50,tool0;
    ENDWHILE
  ENDPROC
ENDMODULE
```

（3）编写机器人程序初始化子程序：

```
PROC DateInit()!数据初始化
        nCount:=0;
        nCount1:=0;
        nCount2:=0;
    ENDPROC
```

（4）编写机器人回原点子程序：

```
PROC rHome()!机器人回原点
    IF bFlag1 THEN
        fangsanzhuajiaju;
    ENDIF
    IF bFlag2 THEN
        fangxipanjiaju;
    ENDIF
    MoveJ p0, v1000, fine, tool0;
    SetDO do0,1;
  ENDPROC
```

（5）编写机器人取三抓夹具子程序：

```
PROC qusanzhuajiaju()!取三抓夹具
        MoveJ Offs(p1,0,0,50) ,v1000 ,fine ,tool0;
        SetDO do1,1;
```

```
      MoveL p1 ,v200 ,fine,tool0;
      SetDO do1,0;
      WaitTime 0.5;
       MoveJ Offs(p1,0,30,5) ,v200 ,Z0 ,tool0;
       MoveL Offs(p1,0,30,100),v200,z50,tool0;
       MoveJ p4 ,v200 ,Z50 ,tool0;
       bFlag1:=TRUE;
   ENDPROC
```

（6）编写机器人取左侧码垛轮胎子程序：

```
PROC quluntai()!取左侧码垛轮胎
    IF di2=1 THEN
     MoveJ p17 ,v200 ,Z50 ,tool0;
     MoveJ p44 ,v200 ,Z50 ,tool0;
     MoveJ Offs(p5,0,0,50) ,v200 ,fine ,tool0;
     SetDO do4,1;
     MoveL p5 ,v200 ,fine ,tool0;
     SetDO do4,0;
     MoveL Offs(p5,0,0,50) ,v200 ,z50 ,tool0;
     MoveJ p25 ,v200 ,Z50 ,tool0;
    ENDIF
    IF di3=1 THEN
      MoveJ p17 ,v200 ,Z50 ,tool0;
      MoveJ p45,v200 ,Z50 ,tool0;
      MoveJ Offs(p6,0,0,50) ,v200 ,fine ,tool0;
      SetDO do4,1;
      MoveL p6 ,v200 ,fine ,tool0;
      SetDO do4,0;
      MoveL Offs(p6,0,0,50) ,v200 ,z50 ,tool0;
      MoveJ p25 ,v200 ,Z50 ,tool0;
    ENDIF
   ENDPROC
```

（7）编写机器人左侧 1×3 仓库码垛子程序：

```
PROC ZC1*3CK()!左侧1×3轮胎码垛
     MoveJ p7 ,v200 ,Z50 ,tool0;
     MoveJ Offs(p10,20,0,nCount*-40) ,v200 ,Z50 ,tool0;
     MoveL Offs(p10,0,0,nCount*-40) ,v200 ,fine,tool0;
     SetDO do4,1;
     MoveL Offs(p10,20,0,nCount*-40) ,v200 ,Z50 ,tool0;
     nCount=nCount+1;
     IF nCount>3 THEN
     nCount=0;
     ENDIF
```

```
        MoveJ p7 ,v200 ,Z50 ,tool0;
        MoveJ p25 ,v200 ,Z50 ,tool0;
    ENDPROC
```

（8）编写机器人左侧 2×3 仓库码垛子程序：

```
PROC ZC2*3CK()!左侧2×3轮胎码垛
        MoveJ p18 ,v200 ,Z50 ,tool0;
        MoveJ p19 ,v200 ,Z50 ,tool0;
        MoveJ Offs(p11,20,nCount1*20,nCount*-40) ,v200 ,Z50 ,tool0;
        MoveL Offs(p11,0,nCount1*20,nCount*-40) ,v200 ,fine ,tool0;
        SetDO do4,1;
        MoveL Offs(p11,20,nCount1*20,nCount*-40) ,v200 ,Z50 ,tool0;
        nCount1=nCount1+1;
        IF nCount1>2 THEN
            nCount1=0;
            nCount=nCount+1;
        ENDIF
        IF nCount1>2 AND nCount>3 THEN
        nCount1=0;
        nCount=0;
        ENDIF
         MoveJ p19 ,v200 ,Z50 ,tool0;
         MoveJ p25 ,v200 ,Z50 ,tool0;
    ENDPROC
```

（9）编写机器人取右侧码垛轮胎子程序：

```
PROC YCQL()!取右侧码垛轮胎
        IF di2=1 THEN
        MoveJ Offs(p5,0,0,50) ,v200 ,fine ,tool0;
        SetDO do4,1;
        MoveL p5 ,v200 ,fine ,tool0;
        SetDO do4,0;
        MoveL Offs(p5,0,0,50) ,v200 ,z50 ,tool0;
        MoveJ p44 ,v200 ,Z50 ,tool0;
        MoveJ p17 ,v200 ,Z50 ,tool0;
        ENDIF

        IF di3=1 THEN
        MoveJ Offs(p6,0,0,50) ,v200 ,fine ,tool0;
        SetDO do4,1;
        MoveL p6 ,v200 ,fine ,tool0;
        SetDO do4,0;
        MoveL Offs(p6,0,0,50) ,v200 ,z50 ,tool0;
        MoveJ p45 ,v200 ,Z50 ,tool0;
```

```
        MoveJ p17 ,v200 ,Z50 ,tool0;
    ENDIF
    ENDPROC
```

（10）编写机器人右侧1×3仓库码垛子程序：

```
PROC YC1*3CKMD()!右侧1×3仓库码垛
        MoveJ p8 ,v200 ,Z50 ,tool0;
        MoveJ p9 ,v200 ,Z50 ,tool0;
        MoveJ p37 ,v200 ,Z50 ,tool0;
        MoveJ Offs(p20,20,0,nCount*-40) ,v200 ,Z50 ,tool0;
        MoveL Offs(p20,0,0,nCount*-40) ,v200 ,fine,tool0;
        SetDO do4,1;
        MoveL Offs(p20,20,0,nCount*-40) ,v200 ,Z50 ,tool0;
        nCount=nCount+1;
        IF nCount>3 THEN
        nCount=0;
        ENDIF
        MoveJ p37 ,v200 ,Z50 ,tool0;
        MoveJ p9 ,v200 ,Z50 ,tool0;
        MoveJ p8 ,v200 ,Z50 ,tool0;
        MoveJ p17 ,v200 ,Z50 ,tool0;
    ENDPROC
```

（11）编写机器人右侧2×3仓库码垛子程序：

```
PROC YC2*3CKMD()!右侧2×3仓库码垛
        MoveJ p17 ,v200 ,Z50 ,tool0;
        MoveJ p8 ,v200 ,Z50 ,tool0;
        MoveJ p38 ,v200 ,Z50 ,tool0;
        MoveJ p39 ,v200 ,Z50 ,tool0;
        MoveJ Offs(p21,20,nCount1*20,nCount*-40) ,v200 ,Z50 ,tool0;
        MoveL Offs(p21,0,nCount1*20,nCount*-40) ,v200 ,fine ,tool0;
        SetDO do4,1;
        MoveL Offs(p21,20,nCount1*20,nCount*-40) ,v200 ,Z50 ,tool0;
        nCount1=nCount1+1;
        IF nCount1>2 THEN
            nCount1=0;
            nCount=nCount+1;
        ENDIF
        IF nCount1>2 AND nCount>3 THEN
        nCount1=0;
        nCount=0;
        ENDIF
        MoveJ p39 ,v200 ,Z50 ,tool0;
```

```
    MoveJ p0 ,v200 ,Z50 ,tool0;
    ENDPROC
```

（12）编写机器人放三抓夹具子程序：

```
PROC fangsanzhuajiaju()!放三抓夹具
    MoveJ p4 ,v200 ,Z50 ,tool0;
    MoveJ Offs(p1,0,30,100),v200,z50,tool0;
    MoveL Offs(p1,0,30,5) ,v200 ,Z0 ,tool0;
    MoveJ p1 ,v200 ,fine,tool0;
    SetDO do1,1;
    WaitTime 0.3;
    MoveL Offs(p1,0,0,50) ,v1000 ,fine ,tool0;
    MoveJ p0,v200,z50,tool0;
    bFlag1:=false;
    ENDPROC
```

（13）编写机器人取吸盘夹具子程序：

```
PROC quxipanjiaju()!取吸盘夹具
    MoveJ Offs(p2,0,0,50) ,v1000 ,fine ,tool0;
    SetDO do1,1;
    MoveL p2 ,v200 ,fine,tool0;
    SetDO do1,0;
    WaitTime 0.5;
    MoveJ Offs(p2,0,30,5) ,v200 ,Z0 ,tool0;
    MoveL Offs(p2,0,30,100),v200,z50,tool0;
    MoveJ p4 ,v200 ,Z50 ,tool0;
    bFlag1:=TRUE;
    ENDPROC
```

（14）编写机器人取玻璃子程序：

```
PROC quboli()!取玻璃
    MoveJ p0 ,v200 ,Z50 ,tool0;
    MoveJ p34 ,v200 ,Z50 ,tool0;
    MoveJ Offs(p24,0,0,20) ,v200 ,z50 ,tool0;
    MoveJ Offs(p24,0,0,-nCount*2) ,v200 ,fine ,tool0;
    nCount=nCount+1;
    IF nCount>8 THEN
        nCount=0;
    ENDIF
    SetDO do4,1;
    SetDO do5,1;
    MoveJ Offs(p24,3,0,5) ,v200 ,z50 ,tool0;
    MoveJ Offs(p24,10,0,20) ,v200 ,z50 ,tool0;
    MoveJ Offs(p24,0,0,25) ,v200 ,z50 ,tool0;
```

```
      MoveJ Offs(p25,0,0,50) ,v200 ,z50 ,tool0;
      MoveL p25 ,v200 ,Z50 ,tool0;
   ENDPROC
```

（15）编写机器人放右边玻璃子程序：

```
PROC fangyoubianboli()!放右边玻璃
    IF di6=1 THEN
        nCount1=nCount1+1
          IF nCount1>8; THEN
             nCount1=0;
      ENDIF
    IF nCount1>4 THEN
     PROC fanzhaun()!翻转
      MoveJ p50 ,v200 ,Z50 ,tool0;
      MoveL Offs(p50,0,0,50) ,v200 ,z50 ,tool0;
      MoveJ p26 ,v200 ,Z50 ,tool0;
      MoveJ Offs(p28,-nCount2*5+2,0,5) ,v200 ,z50 ,tool0;
      MoveJ Offs(p28,-nCount2*50,0,0) ,v200 ,fine ,tool0;
      SetDO do4,0;
      SetDO do5,0;
      MoveJ Offs(p28,-nCount2*5+2,0,5) ,v200 ,z50 ,tool0;
      MoveJ p26 ,v200 ,Z50 ,tool0;
    ENDPROC
    ENDIF
    MoveL Offs(p25,0,0,50) ,v200 ,z50 ,tool0;
    MoveJ p26 ,v200 ,Z50 ,tool0;
    MoveJ Offs(p27,nCount1*5+2,0,5) ,v200 ,z50 ,tool0;
    MoveJ Offs(p27,nCount1*50,0,0) ,v200 ,fine ,tool0;
    SetDO do4,0;
    SetDO do5,0;
    MoveJ Offs(p27,nCount1*5+2,0,5) ,v200 ,z50 ,tool0;
    MoveJ p26 ,v200 ,Z50 ,tool0;
   ENDIF
  ENDPROC
```

（16）编写机器人放左边玻璃子程序：

```
PROC fangzuobianboli()!放左边玻璃
      IF di7=1 THEN
          nCount2=nCount2+1
            IF  nCount2>8; THEN
              nCount2=0;
            ENDIF
      IF nCount2>4 THEN
```

```
    PROC fanzhaun()!翻转
     MoveJ p50 ,v200 ,Z50 ,tool0;
     MoveL Offs(p50,0,0,50) ,v200 ,z50 ,tool0;
     MoveJ p26 ,v200 ,Z50 ,tool0;
     MoveJ Offs(p27,nCount1*5+2,0,5) ,v200 ,z50 ,tool0;
     MoveJ Offs(p27,nCount1*50,0,0) ,v200 ,fine ,tool0;
     SetDO do4,0;
     SetDO do5,0;
     MoveJ Offs(p27,nCount1*5+2,0,5) ,v200 ,z50 ,tool0;
     MoveJ p26 ,v200 ,Z50 ,tool0;
    ENDPROC
    ENDIF
    MoveL Offs(p25,0,0,50) ,v200 ,z50 ,tool0;
    MoveJ p26 ,v200 ,Z50 ,tool0;
    MoveJ Offs(p28,-nCount2*5+2,0,5) ,v200 ,z50 ,tool0;
    MoveJ Offs(p28,-nCount2*50,0,0) ,v200 ,fine ,tool0;
    SetDO do4,0;
    SetDO do5,0;
    MoveJ Offs(p28,-nCount2*5+2,0,5) ,v200 ,z50 ,tool0;
    MoveJ p26 ,v200 ,Z50 ,tool0;
    MoveJ p0 ,v200 ,Z50 ,tool0;
   ENDIF
  ENDPROC
```

（17）编写机器人放吸盘夹具子程序：

```
PROC fangxipanjiaju()!放吸盘夹具
     MoveJ p4 ,v200 ,Z50 ,tool0;
     MoveJ Offs(p2,0,30,100),v200,z50,tool0;
     MoveL Offs(p2,0,30,5) ,v200 ,Z0 ,tool0;
     MoveJ p2 ,v200 ,fine,tool0;
     SetDO do1,1;
     WaitTime 0.3;
     MoveL Offs(p2,0,0,50) ,v1000 ,fine ,tool0;
     MoveJ p0,v200,z50,tool0;
     bFlag1:=false;
    ENDPROC
```

六、PLC 程序编写

机器人程序编写完成后，便可编写轮胎码垛模型和排列检测模型 PLC 程序。首先根据控制要求绘制轮胎码垛和排列检测模型流程图，然后编写 PLC 程序。

（1）轮胎码垛和排列检测模型 PLC 程序流程图（图 3-2-18）。

（2）编写 PLC 程序。根据流程图，编写六轴机器人模型 PLC 的停止、复位、启动、联机码垛和搬运等程序，如图 3-2-19 所示。

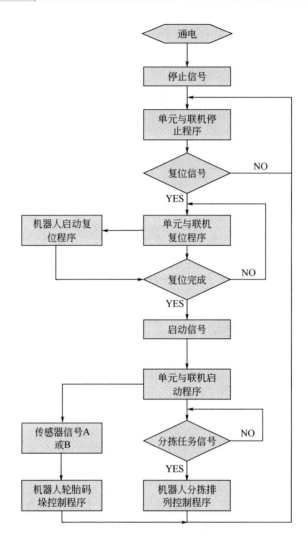

图 3-2-18　PLC 程序流程图

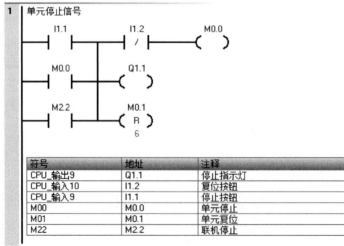

(a) 单元控制停止程序

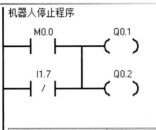

机器人停止程序

符号	地址	注释
CPU_输出1	Q0.1	停止机器人程序
CPU_输出2	Q0.2	停止机器人伺服
CPU_输入15	I1.7	机器人异常报警
M00	M0.0	单元停止

(b) 机器人控制停止程序

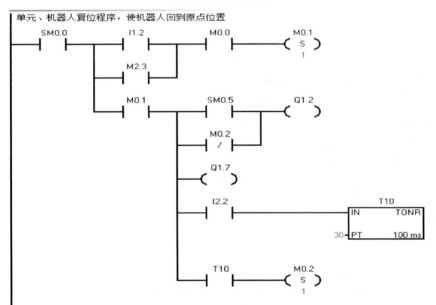

单元、机器人复位程序，使机器人回到原点位置

符号	地址	注释
Always_On	SM0.0	始终接通
Clock_1s	SM0.5	针对 1 s 的周期时间，时钟脉冲接通 0.5 s，断开 0.5 s
CPU_输出10	Q1.2	复位指示灯
CPU_输出15	Q1.7	选择使能
CPU_输入10	I1.2	复位按钮
CPU_输入18	I2.2	回到原点
M00	M0.0	单元停止
M01	M0.1	单元复位
M02	M0.2	复位完成
M23	M2.3	联机复位

(c) 机器人控制复位程序

图 3-2-19

机器人启动程序，机器人伺服先上电，再启动机器人，如机器人未在原点位置，复位使机器人回到原点位置

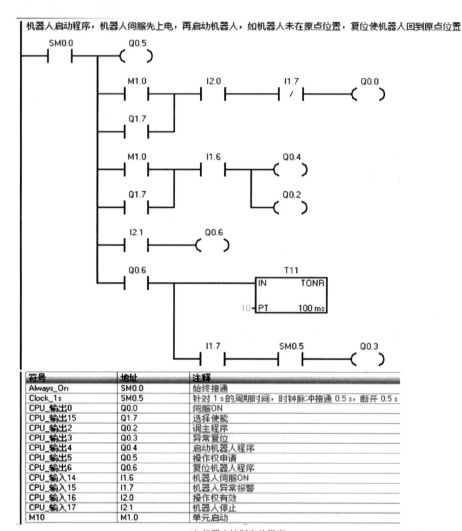

符号	地址	注释
Always_On	SM0.0	始终接通
Clock_1s	SM0.5	针对 1 s 的周期时间，时钟脉冲接通 0.5 s，断开 0.5 s
CPU_输出0	Q0.0	伺服ON
CPU_输出15	Q1.7	选择使能
CPU_输出2	Q0.2	调主程序
CPU_输出3	Q0.3	异常复位
CPU_输出4	Q0.4	启动机器人程序
CPU_输出5	Q0.5	操作权申请
CPU_输出6	Q0.6	复位机器人程序
CPU_输入14	I1.6	机器人伺服ON
CPU_输入15	I1.7	机器人异常报警
CPU_输入16	I2.0	操作权有效
CPU_输入17	I2.1	机器人停止
M10	M1.0	单元启动

(d) 机器人控制启动程序

单元联机、单机启动程序

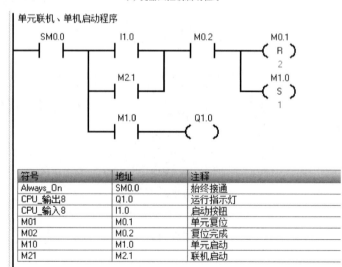

符号	地址	注释
Always_On	SM0.0	始终接通
CPU_输出8	Q1.0	运行指示灯
CPU_输入8	I1.0	启动按钮
M01	M0.1	单元复位
M02	M0.2	复位完成
M10	M1.0	单元启动
M21	M2.1	联机启动

(e) 单元联机，单机启动程序

机器人联机就绪后，根据工件传感器A或B的动作，进行轮胎码垛搬运排列

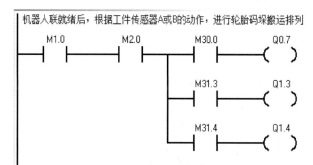

符号	地址	注释
CPU_输出11	Q1.3	选择信号1
CPU_输出12	Q1.4	选择信号2
CPU_输出7	Q0.7	选择信号0
M10	M1.0	单元启动
M20	M2.0	全部联机信号
M300	M30.0	轮胎就绪信号
M313	M31.3	轮胎检测传感器A
M314	M31.4	轮胎检测传感器B

(f) 控制机器人轮胎码垛、搬运程序

启动、停止、复位联机信号

符号	地址	注释
Always_On	SM0.0	始终接通
CPU_输入11	I1.3	单联机信号
M20	M2.0	全部联机信号
M201	M20.1	2#启动按钮
M202	M20.2	2#停止按钮
M203	M20.3	2#复位按钮
M204	M20.4	联/单机状态
M21	M2.1	联机启动
M22	M2.2	联机停止
M23	M2.3	联机复位

(g) 联机启动、停止、复位程序(一)

图 3-2-19

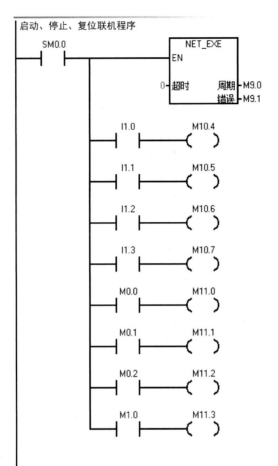

启动、停止、复位联机程序

符号	地址	注释
Always_On	SM0.0	始终接通
CPU_输入10	I1.2	复位按钮
CPU_输入11	I1.3	单联机信号
CPU_输入8	I1.0	启动按钮
CPU_输入9	I1.1	停止按钮
M00	M0.0	单元停止
M01	M0.1	单元复位
M02	M0.2	复位完成
M10	M1.0	单元启动
M104	M10.4	启动按钮
M105	M10.5	停止按钮
M106	M10.6	复位按钮
M107	M10.7	单/联机
M110	M11.0	单元停止
M111	M11.1	单元复位
M112	M11.2	复位完成
M113	M11.3	单元启动

(h) 联机启动、停止、复位程序(二)

图 3-2-19　PLC 程序

七、设备调试

1.机器人系统的调试

① 系统输入/输出系统与 I/O 信号的关联；

② 工具坐标的设定；

③ 工件坐标的设定；

④ 创建程序数据；

⑤ 各个关键点的修改和校准。

具体设定方法请参考项目一手机装配系统的设定方法。

2.硬件的调试

（1）通电前检查

① 观察机构上各元件外表是否有明显移位、松动或损坏等现象；输送带上是否放置了物料。如果存在以上现象，及时处置、调整、紧固或更换元件。

② 对照接口板端子分配表或接线图，检查桌面和挂板接线是否正确，尤其要检查 24V 电源、电气元件电源等连接线路是否有短路、断路现象。

 ⚠ 注意　设备初次组装调试时，必须认真检查线路是否正确；机器人伺服速度调至 30%以下。

（2）硬件的调试步骤

① 接通气路，打开气源，手动按下电磁阀，确认各气缸及传感器处于初始状态。

② 吸盘夹具的气管不能出现折痕，否则会导致吸盘不能吸取车窗，如图 3-2-20 所示。

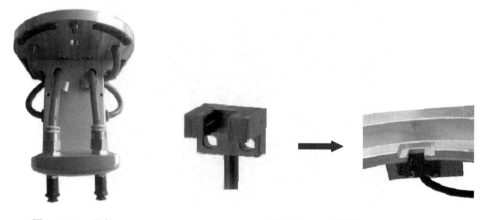

图 3-2-20　吸盘　　　　　　　　图 3-2-21　槽形光电

③ 槽形光电（EE-SX911-R）调节，如图 3-2-21 所示。各夹具安放到位后，槽形光电无信号输出；安放若有偏差时，槽形光电有信号输出，如图 3-2-22 所示；调节槽形光电位置，使偏差小于 1.0mm。

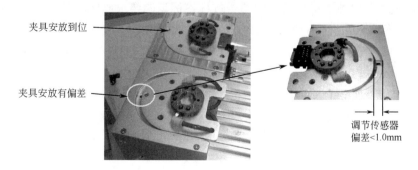

图 3-2-22　夹具放置位置

④ 节流阀的调节：打开气源，用小号一字螺钉旋具旋动气动电磁阀的测试旋钮，如图 3-2-23 所示，调节气缸上的节流阀，使气缸动作顺畅柔和。

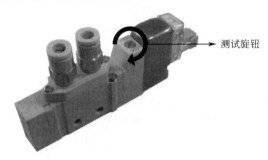

图 3-2-23　节流阀调节

3.联机调试

① 通电后按下"联机"按钮，联机指示灯亮，单机指示灯灭，进入联机状态，操作面板如图 3-2-24 所示。确认每站的通信线连接完好，并且都处在联机状态。

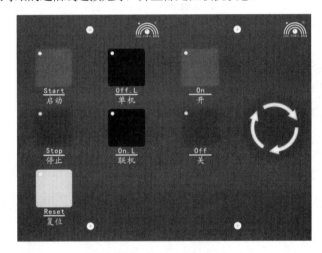

图 3-2-24　操作面板

② 先按下"停止"按钮，确保机器人在安全位置后再按下"复位"按钮，各单元回到初始状态，可观察到分拣装配单元的步进机构，会先上升然后回到原点，立体码垛单元推料气缸处于缩回状态。

③ 复位完成后，检测各机构的物料是否按标签标识的要求放好，然后按下"启动"按钮，此时，六轴机器人伺服处于 ON 状态，各站处于启动状态，但均不动作。

④ 选择分拣装配单元与立体码垛单元的任意一单元，按下该单元的启动按钮，机器人与该单元开始进行工作。

⑤ 在设备运行过程中随时按下"停止"按钮，停止指示灯亮，并且启动指示灯灭，设备停止运行。

⑥ 当设备运行过程中遇到紧急状况时，请迅速按下"急停"按钮，设备断电。

八、故障查询

设备故障现象、原因及解决办法见表 3-2-7。

表 3-2-7 故障查询表

序号	故障现象	故障原因	解决方法
1	设备不能正常通电	电气件损坏	更换电气件
		线路接线脱落或错误	检查电路并重新接线
2	按钮板指示灯不亮	接线错误	检查电路并重新接线
		程序错误	修改程序
		指示灯损坏	更换
3	PLC 灯闪烁报警	程序出错	改进程序重新写入
4	PLC 提示"参数错误"	端口选择错误	选择正确的端口号和通信参数
		PLC 出错	执行"PLC 存储器清除"命令,直到灯灭为止
5	传感器对应的 PLC 输入点没输入信号	PLC 与传感器接线线错误	检查电缆并重新连接
		传感器坏	更换传感器
		PLC 输入点损坏	更换输入点
6	PLC 输出点没有动作	接线错误	按正确的方法重新接线
		相应器件损坏	更换器件
		PLC 输出点损坏	更换输出点
7	通电,机器人报警	机器人的安全信号没有连接	按照机器人接线图接线
8	机器人不能启动	机器人的运行程序未选择	在控制器的操作面板选择程序名(在第一次运行机器人的情况)
		机器人专用 I/O 没有设置	设置机器人专用 I/O(在第一次运行机器人的情况)
		PLC 的输出端有没有输出	监控 PLC 程序
		PLC 的输出端子损坏	更换其他端子
		线路错误或接触不良	检查电缆并重新连接
9	机器人启动就报警	原点数据没有设置	输入原点数据(在第一次运行机器人的情况)
10	机器人运动过程中报警	机器人从当前点到下一个点,不能直接移动过去	重新示教下一个点
		气缸节流阀锁死	松开节流阀
		机械结构卡死	调整结构件

参考文献

[1] 杨杰忠. 工业机器人基础. 北京：中国劳动社会保障出版社，2017.

[2] 汤晓华. 工业机器人应用技术. 北京：高等教育出版社，2015.

[3] 黄风. 工业机器人编程指令详解. 北京：化学工业出版社，2017.

[4] 侍寿永. 西门子 S7-200 SMART PLC 编程及应用教程. 北京：机械工业出版社，2016.

[5] ABB（中国）. ABB 机器人手册. 上海：ABB（中国）有限公司，2010.